安徽非物质文化遗产丛书

传统技艺卷

安徽绿茶

安徽省文化和旅游厅 组织编写

主编 樊嘉禄 副主编 宋煦

丁 勇◎著

时代出版传媒股份有限公司
安徽科学技术出版社

图书在版编目(CIP)数据

安徽绿茶 / 丁勇著. --合肥:安徽科学技术出版社,
2020.6
(安徽非物质文化遗产丛书·传统技艺卷)
ISBN 978-7-5337-8254-2

Ⅰ.①安… Ⅱ.①丁… Ⅲ.①绿茶-茶文化-介绍-安徽
Ⅳ.①TS971.21

中国版本图书馆 CIP 数据核字(2020)第 086495 号

安徽绿茶　　　　　　　　　　　　　　　　　　　　　丁　勇　著

出 版 人:丁凌云　选题策划:蒋贤骏　余登兵　书稿统筹:期源萍　付　莉
责任编辑:期源萍　文字编辑:胡彩萍　　　　　责任校对:戚革惠
责任印制:李伦洲　装帧设计:武　迪
出版发行:时代出版传媒股份有限公司　　http://www.press-mart.com
　　　　　安徽科学技术出版社　　　　　　http://www.ahstp.net
　　　　　(合肥市政务文化新区翡翠路1118号出版传媒广场,邮编:230071)
　　　　　电话:(0551)63533330
印　　制:合肥华云印务有限责任公司　　　电话:(0551)63418899
(如发现印装质量问题,影响阅读,请与印刷厂商联系调换)

开本:710×1010　1/16　　印张:8　　　字数:160 千
版次:2020 年 6 月第 1 版　　　2020 年 6 月第 1 次印刷

ISBN 978-7-5337-8254-2　　　　　　　　　　　定价:48.00 元

安徽非物质文化遗产丛书 传统技艺卷
编辑委员会

丛书前言

皖地灵秀,文脉绵长;风物流韵,信俗呈彩。淮河、长江、新安江三条水系将安徽这方土地划分为北、中、南三个区域,成就了三种各具风范和神韵的文化气质。皖北的奔放豪迈、皖中的兼容并蓄、皖南的婉约细腻共同构成了一幅丰富而生动的安徽人文风俗画卷,形成了诸多独具魅力的非物质文化遗产。

习近平总书记指出,文化自信是一个国家、一个民族发展中更基本、更深沉、更持久的力量,坚定中国特色社会主义道路自信、理论自信、制度自信,说到底就是要坚定文化自信,没有文化的繁荣兴盛,就没有中华民族伟大复兴。

非物质文化遗产是各族人民世代相承、与民众生活密切相关的传统文化的表现形式和文化空间,是中华传统文化活态存续的丰富呈现。守望它们,就是守望我们的精神家园;传承它们,就是延续我们的文化血脉。

安徽省现有国家级非物质文化遗产代表性项目88项,省级非物质文化遗产代表性项目479项。其中,宣纸传统制作技艺、传统木结构营造技艺(徽派传统民居建筑营造技艺)、珠算(程大位珠算法)3项入选联合国教科文组织命名的人类口头与非物质文化遗产名录。

为认真学习贯彻习近平总书记关于弘扬中华优秀传统文化系列重要讲话精神,落实《中国传统工艺振兴计划》及《安徽省实施中华优秀文化传承发展工程工作方案》,安徽省文化和旅游厅、安徽出版集团安徽科学技术出版社共同策划实施"安徽非物质文化遗产丛书"出版工程,编辑出版一套面向大众的非物质文化遗产精品普及读物。丛书力求准确性与生动性兼顾,知识性与故事性兼顾,技艺与人物兼顾,文字叙述与画面呈现兼顾,艺术评价与地方特色描述兼顾，全方位展示安徽优秀的非物质文化遗产（简称"非遗"），讲好安徽故事，讲好中国故事。

本丛书坚持开放式策划，经过多次磋商沟通，在听取各方专家学者意见的基础上，编委会确定精选传统技艺类、传统美术类、传统医药类非遗项目分成三卷首批出版，基本上每个项目一个单册。

各分册以故事性导言开篇，生动讲述各非遗项目的"前世今生"。书中有历史沿革和价值分析，有特色技艺展示，有经典作品解读，有传承谱系描绘，还有关于活态传承与保护路径的探索和思考等，旨在对非遗项目进行多维度的呈现。

各分册作者中，有的是长期从事相关项目研究的专家，在数年甚至数十年跟踪关注和研究中积累了丰富的资料；有的是相关项目的国家级非物质文化遗产代表性传承人，他们能深刻理解和诠释各项技艺的核心内涵，这在一定程度上保证了丛书的科学性、权威性、史料性和知识性。同时，为了利于传播，丛书在行文上讲究深入浅出，在排版上强调图文并茂。本丛书的面世将填补安徽非物质文化遗产研究成果集中展示的空白，同时也可为后续研究提供有益借鉴。

传承非遗，融陈出新，是我们共同的使命。宣传安徽文化，建设文化强省，是我们共同的责任。希望本丛书能成为非遗普及精品读物，让更多的人认识非遗、走近非遗，共同推动非遗保护传承事业生生不息、薪火相传。

CONTENTS

传统技艺卷

CHUANTONG

导言

安徽绿茶

JIYI

JUAN

中国是茶树原产地,是世界上最早发现和利用茶叶的国家。茶叶生产和消费历史悠久,绵延不断。相传神农时代就有"神农尝百草,一日遇七十二毒,得茶(茶)而解之"的说法。茶在上古时为药用,至两晋、南北朝时期,随着佛教的传播,寺庙僧侣始兴种茶、制茶,饮茶之风渐起。至唐代开元(713—741年)年间,宫廷推崇茶事,贡茶制度形成。文人雅士奉之,市井百姓事之,茶礼茶俗日益兴盛。中国的"茶道"大行,并向日本、朝鲜半岛等周边区域广泛传播,盛唐时期"茶、丝、瓷"沿着古丝绸之路通往西域,开启了世界先进文明、丰厚物产之间的大交流。至宋代,承唐代之风,以制龙凤团茶为主,且日益普及,建"官焙"制,设"榷茶司""茶事司",督办茶务公事。至明代洪武二十四年(1391年),明太祖朱元璋诏令:"罢造龙团,惟采芽茶以进。"明代隆庆(1567—1572年)年间,松萝茶在徽州府休宁县城东北郊的松萝山诞生。松萝茶首创锅炒、口焙技艺,改蒸青为炒青,破团茶为散茶,极大地推动了明清两代名茶的层出不穷、盛行于世。至此,茶叶始有"绿茶"这一类别,并催生了六大茶类的形成。绿茶是制茶技艺的基础,至唐代已有黄茶、黑茶的雏形,明末清初始制红茶,继而制青茶(乌龙茶)、黑茶(含普洱茶),后演化、融合创制黄茶、白茶。

有关茶的最初的文献记载是汉人王褒作《僮约》,司马相如作《凡将篇》以药论茶,杨雄作《方言》以文论茶,晋张载作《登成都楼诗》:"芳茶冠六情,溢味播九区。"魏晋时期,行清谈之风,"竹林七贤"皆嗜豪饮,后风雅之士喜习品茗、益思助兴。公元780年,世界第一部茶业专著——唐代陆羽所作《茶经》问世,此后的茶著茶书层见叠出、精彩纷呈。譬如,唐代温庭筠的《采茶录》、卢全的《茶歌》、宋代宋子安的《东溪试茶录》、蔡襄的《茶录》、沈括的《本朝茶法》、赵佶的《大观茶论》,明代顾元庆的《茶谱》、屠隆的《茶笺》、许次纾的《茶疏》,清代陆廷灿的《续茶经》、余怀的《茶史补》,等等。在漫长的种茶制茶实践中,茶叶经历了晒干与生煮羹饮、制饼碾末煎饮、蒸青抹茶、蒸青制团、蒸青散茶、炒青散茶,直至各类名茶的炫目缤纷。盛世兴茶,茶以国兴,茶叶是中华文明的重要载体和缩影,是中国先进农耕文化传播的历史见证。扎根于中国传统文化,丰富多彩的茶叶技艺是源自中国、造福世界的文化福祉。我国有着悠久的茶文化历史,茶文化是非物质文化遗产的重要组成部分,具有极高的审美价值和社会经济价值。由于非物质文化遗产具有传承性、口头性和变异性等特点,因此,迫切需要选择更加科学合理的方式对其进行保护和利用。对浩如繁星的茶叶传统技艺通过技术性整理、固化,曾经流失的茶叶记忆才能得以呈现、得到欣赏,博大精深的茶叶文化历史才能得以更好地保护与传承。

关于名茶的概念,众说纷纭。人们普遍认为,名茶定义概括为以下6个条件:较为精确的采制时间和原料规格,较为优异的外形和内质特征,较为精细的特定加工技艺,较高的商品价值、市场知名度及产制规模,较为优越的自然生态与地理资源属性,较为深厚的人文积淀与历史传承,等等。我国名茶大多源自名山、名胜、名人烘托,良境、良种、良法交融,品质、品味、品类聚合,民风、民俗、民生相依。"琴棋书画诗酒花,柴米油盐酱醋茶",琴、棋、书、画、诗、酒、花、茶,乃是古人八大雅事。善琴者通达从容,善棋者睿智多谋,善书者至情至性,善画者至善至美,善诗者韵至心神,善花者品性怡然,善茶者淡泊名利。古往今来,品茗饮茶,既为雅士所嗜,又为市井所好,雅俗共赏总相宜,风俗风物永流传。

安徽自古产茶,贡茶盛出。由于大自然的恩赐,茶树种质资源十分丰富且分布广泛,生态环境得天独厚,逐渐形成了以黄山为核心区的皖南山地茶园、以大别山为核心区的皖西山地茶园及沿江和皖东南低丘茶园等三大优势产区。安徽名茶荟萃、星光璀璨,现在活态传承的历史名茶有松萝茶、黄山毛峰、太平猴魁、六安瓜片、瑞草魁、敬亭绿雪、涌溪火青、顶谷大方、黄花云尖、金山时雨、天山真香、九华毛峰、天柱剑毫、天华谷尖、岳西翠兰、舒城小兰花、桐城小花、宿松香芽、塔泉云雾、白云春毫及霍山黄芽、祁门红茶和安茶等。在举世公认的中国十大名茶之中,安徽拥有四席,分别为黄山毛峰、太平猴魁、六安瓜片和祁门红茶,令人艳羡不已。

黄山毛峰茶创制于清朝光绪元年(1875年),由徽州谢裕大茶庄始创。主产于安徽省黄山市的歙县、徽州区、黄山区、休宁、黟县等毗邻黄山的区域。特级毛峰茶外形微卷,芽头匀齐显毫,形似雀舌,嫩绿泛象牙色,有金黄片;内质清香高长,汤色嫩绿清亮,滋味鲜醇回甘,叶底黄绿鲜活。因其适制原料采自黄山地域的高山茶园且芽尖披毫露峰,遂命名为"黄山毛峰"。太平猴魁茶始创于1900年,因其品质为尖茶魁首,创制于太平县(现黄山区)猴坑一带,故定名为"太平猴魁"。猴魁茶外形扁展挺拔,魁伟壮实,两叶抱芽,色泽苍绿匀润,主脉呈暗红色;汤色嫩绿鲜亮,香气淡雅如兰,滋味鲜醇回甘。六安瓜片茶创制于清朝末年,主产于六安大别山北麓齐头山一带,分内山瓜片和外山瓜片两个产区。在我国现有茶类中,六安瓜片是唯一无芽无梗的品类,只由单片鲜叶制成。瓜片茶外形呈瓜子状,背卷顺直、扁而平伏、匀整,宝绿上霜;内质清香持久,汤色嫩绿清亮,滋味鲜爽回甘,叶底嫩绿匀亮。为保持黄山毛峰、太平猴魁、六安瓜片等名茶的传统品质特征,保护历史名茶的传统制作技艺,2008年6月,经国务院批准,由文化部确定并公布,黄山毛峰、太平猴魁、六安瓜片、祁门红茶等名茶同时被列入"第二批国家级非物质文化遗产名录",成为国家级非物质文化遗产代表性项目。本书将重点阐述黄山毛峰、太平猴魁、六安瓜片等三大名优绿茶的制作技艺及优异品质。

第一章 三大名茶的源流

安徽产茶源于唐宋，兴于明清。始于明初的『松萝制法』广泛传播，撮泡法开千古清饮之源。三大名茶创制于鸦片战争之后，以茶为业的民生需求，民族资本主义的萌芽，支撑着近代茶业的改良复兴之路。

第一节

三大名茶诞生的历史背景

安徽产茶历史悠久,徽茶文化源远流长。徽州名茶始于宋之嘉祐,兴于明之隆庆,一直以其精湛的技艺、独特的品质以及畅销世界的美誉,不断引领着世人的喝茶喜好。据《橙阳散志》记载:"歙之巨商,业盐而外惟茶,北达燕京,南及广粤,获利颇丰,其茶统名松萝。"徽州松萝茶诞生后,声名鹊起,独创的"松萝制法"传播到全国各大茶区。其精制品类后演化为外销的眉茶、珠茶,作为最早的出口茶之一,曾伴随着瑞典"哥德堡号",演绎了中国茶叶的海上贸易传奇。此后,安徽历史名茶,如顶谷大方、紫霞贡茶、黄山云雾、涌溪火青、六安龙芽、小岘春、九华龙芽、石墨茶、敬亭绿雪、祁门安茶、白岳黄芽、新安片茶等,应运而生、层出不穷,为三大名茶的创制和推广奠定了坚实的基础。

一、撮泡法开千古清饮之源

自西汉以来,茶的烹饮方法不断发展变化,大致历经初唐前的煮茶法、唐代的煎茶法、宋元的点茶法、明清至今的瀹(yuè)饮法(撮泡法)等四个阶段。其中,沸水泡茶之撮泡法,开千古清饮之源。在中国人的观念中,"喝茶"与"品茶"是有些区别的。喝茶者,消食解渴;品茶者,品评鉴赏。明代炒青和烘青制法的出现,不仅使茶的制作方法发生了石破天惊的变革,而且使茶的品饮形式也焕然一新。明代伊始,碾末而饮的唐煮宋点饮法,变成了以沸水冲泡茶叶、简便易行的撮泡法。撮泡法更注重茶汤的滋味与香气,通过干茶与沸水的交融浸渍,使茶叶的精华成分快速溶释到茶汤中,不仅能获得茶之真香、真味,也更能体现简朴精微的饮茶之道。这种清饮之法一直延续至今。明代嗜茶之士强调了品茗时自然环境的选择和审美情趣的营造,在置器品茗之中,知其味、识其趣、引共鸣,抒发着中国茶道的雅致情怀,或吟诗作赋,或挥毫泼墨。明代的传世茶著就有五十余部之多,其中,陈继儒所撰《茶董补》和朱权所撰《茶谱》,于清饮有独到见解;田艺衡所撰《煮泉小品》和陆树声所撰《茶寮记》,反映文士品茗情趣。朱权(1378—1448年)是明太祖朱元璋第十七子,神姿秀朗,慧心敏语,长期隐居南方,以茶明志,在所作《茶谱》中,述及饮茶并非浅尝于茶,而是一种表达志向和修身养性的方式。朱权对废团改散后的饮法和茶具进行了探索,主张保持茶叶的本色,顺其自然之性。公元1405—1433年,明代人郑和曾奉命七次远涉重洋,到达中南半岛、南洋群岛、孟加拉、印度、斯里兰卡、阿拉伯半岛等地,最远曾到达非洲东海岸和红海沿岸,每次都携带大量的茶叶。明朝之后,中国茶经过这些国家和地区传向西方,形成了一条"海上丝茶"之路,让中国茶文化的影响遍及欧美。

二、以茶为业的民生需求

古往今来,中国始终是一个传统的农业大国,茶叶是南方山区农民赖以生存的主业,广大茶农以茶为生,茶盛则民富,茶贱则民穷。古代的中国,粮食生产一直是国家的政治经济命脉,田少粮缺的茶区长期经济困顿、动荡不稳。康熙《休宁县志·汪伟奏疏》曾记述"徽州介万山之中,地狭人稠,耕获三不赡一"。徽州山多地少,人烟稠密,素有"八山半水一分田,半分道路和庄园"的说法。古时民谚"前世不修,生在徽州,十三四岁,往外一丢",就是明清时期徽州社会的真实写照。徽州人口与土地的矛盾越来越尖锐,徽州人的生计日益艰难,粮食严重不足,进入明清之后,几乎到了难以为继的地步。由此形成了徽州人深刻的危机意识,为了生存,人们纷纷出外谋生,求食于四方。其中,茶商成了最杰出的代表,这是天下"徽商"的起源,徽州人胡适先生在自传中就有"无徽不成镇,无徽不成商"之说。与陶瓷有"官窑"和"民窑"之分相类似,茶叶也有始于唐代的"贡茶"和"民茶"之制。顾名思义,"贡茶"即为进贡帝王的"阳春白雪","民茶"则为民办或官办的茶叶贸易。"贡茶"和"民茶"的二元极化割裂,百姓业茶的规模较小、品质较次、茶价较低、效益较差,已不能适应市场的需求变化。清代中后期,社会人口激增,民生竞争激烈,广大茶区的能人志士积极谋划变革,创制品质优异、市场热销的名茶。在此背景下,三大名茶横空出世,正所谓应市而生、顺市而长。

三、民族资本主义萌芽的催生

清朝中晚期,政治腐败、经济落后、外交上闭关锁国,早已隐藏着严重的统治危机,以小农业和家庭手工业相结合的自然经济,始终占据中国社会经济的主导地位。鸦片战争,是1840—1842年英国对中国发动的一场侵略战争,也是中国近代史的开端。战前,因为英国人每年所进口的茶叶数量及其他物产巨大,而出口到中国的商品却很少,这样白银硬通货就净流入中国,英国的鸦片销售则是填补巨大贸易逆差的主要捷径。1840年6月,英国政府以林则徐的虎门销烟为借口,派出远征军舰船47艘、陆军4 000人,在海军少将懿律、驻华商务监督义律率领下,陆续抵达广东珠江口外,封锁海口,发动战争。鸦片战争以中国失败并赔款割地告终,中英双方签订了中国历史上第一个不平等条约《南京条约》,严重危害了中国主权,中国开始沦为半殖民地、半封建社会,并导致了中国封建社会自然经济的逐渐解体。资本主义国家对中国进行原料掠夺和商品输出,导致中国农民、手工业者大量破产,自给自足的封建小农经济被打破,中国成为西方殖民者的原料产地和商品市场,成为资本主义体系的组成部分。同时,殖民者带来了先进的生产方式和生产技术,刺激了中国经济的近代化,客观上促进了中国民族资本主义的发展。

鸦片战争后,通商口岸的开放极大冲击着自给自足的封建自然经济体制,西方资本主义国家掀起了对中国倾销商品的狂潮。英国输华的商品总值从1837年的90多万英镑增加到1845年的230多万英镑,这使中国传统的手工业遭到致命的打击。与此同时,西方资本家还从中国大量掠购茶、丝等传统农副产品,这样中国的茶叶生产开始纳入世界资本主义市场。中国社会的经济结构发生了新的变化,帝国主义列强的侵略、掠夺和政府的腐败无能,使中华民族面临着"亡国灭种"的危险。在国家危亡之际,"救亡图存""求强求富","师夷长技以制夷",改变中国落后挨打的悲惨命运,成为当时先进分子的理想和追求。黄山毛峰、太平猴魁、六安瓜片三大名茶均创制于鸦片战争之后,由中国的茶商茶号根据当时国内外市场的新需求,引导茶农按要求进行采摘制作,并在激烈的竞争大潮中生存与壮大。脆弱的民族经济在风雨飘摇之中艰难立足、发展,有识之士纷纷寻求国家政治、经济的出路,洋务运动的兴起,民族资本主义的萌芽,给苦难的国家民族命运带来一丝希望的曙光。

四、传统茶业的改良之路

自18世纪20年代饮茶风尚于欧洲流行开始,直至20世纪以前,茶叶成为中西贸易居支配地位的商品。西方贸易公司竞相派船到中国,以白银购买茶叶。19世纪初叶,中国茶叶在西方国家已经得到普遍认可,英、美、俄等国对茶叶的需求不断增加。1833年,作为对华贸易份额最大的英国东印度公司,每年进口茶叶价值500多万两白银。中国整体茶叶出口每年约2万吨,由于这时茶价较高,出口茶叶货值达1 000万两。1844年,中国茶叶出口量有3万多吨;1860年,出口达5万吨;1882年突破10万吨。中国茶叶占据了世界茶叶贸易的主要地位。五口通商促进了洋商从中国进口茶叶的力度,在鸦片战争之前,广州十三行垄断茶叶贸易,每担(1市担=50千克)均价约40两白银。战后出口价格大幅下降,以上海茶叶出口价格为例,1845—1846年,"熙春""工夫""屯溪""雨前""小珠"五种茶叶出口的平均价格为每担37两白银,1850—1851年降到每担22.1两,到1856—1857年更降为每担18.2两。到19世纪中后期,随着印度茶、锡兰茶的大批量上市,受制于小农经济的生产模式,中国茶在质量上无法与其他产区媲美,竞争的加剧进一步导致中国茶的出口单价下跌。广州作为鸦片战争前唯一的茶叶口岸迅速衰落,而上海和福州得益于更加靠近茶叶产区的优势,借助茶叶贸易崛起,成为重要的通商口岸。洋商买办经济充分释放了西方国家对于茶叶的需求,极大地促进了中国茶叶的生产与贸易。

然而,从19世纪末开始,英属印度、锡兰(今斯里兰卡)和日本等主要产茶国相继进行规范化的茶园管理和机械化加工,在价格和品质方面极具竞争优势。反观国内,依然延续传统的生产方式,单产低、效率低、成本高且品质不稳定,从而导致我国茶叶出口进入寒冬,茶叶生产出现衰退、萧条。1913年,时任北洋政府农商部佥事的陆溁受命深入皖、浙、闽、赣、鄂、湘六省考察茶业,并及时提交了六省茶业调查报告。北洋政府国务会议最终决定组建"农商部安徽模范种茶场"(史称"祁门茶业改良场"),任命陆溁为场长,这是我国最早建立的茶叶科研机构,建场目标为"以最短时间、最小成本树立科学化试验场及社会化种制模范,以启发茶农集体革新的基层力量"。经过当代茶圣吴觉农等多位茶叶科技先驱者的接棒努力,改良场在艰难中前行、曲折中发展,为我国近代茶业的技术进步做出了不可磨灭的贡献。

第二节
黄山毛峰茶的源流

一、名山胜境出名茶

黄山古名黟山,唐玄宗于天宝六年(747年)六月十七日敕改为黄山。黄山位于安徽省南部,坐落在歙县、黟县、太平县、休宁县之间,属于历史上的徽州府辖地。黄山地跨东经118°01′~118°17′,北纬30°01′~30°18′,山境南北长约40千米,东西宽约30千米,面积约1 205平方千米,其中核心风景区160.6平方千米。黄山群峰林立,其七十二峰素有"三十六大峰,三十六小峰"之称,主峰莲花峰海拔达1 864.8米,与平旷的光明顶、险峻的天都峰一起,雄踞在景区中心;黄山周围还有77座海拔1 000米以上的山峰,有机地组合成一幅群峰叠翠、波澜壮阔、气势磅礴的立体画面。黄山自然环境条件复杂,生态系统稳定平衡,植被垂直分带明显,生物群落完整,保存有高山沼泽和高山草甸,是绿色植物荟萃之地,森林覆盖率为56%,植被覆盖率达83%。黄山风华绝代,被誉为"天下第一名山"。明朝旅行家徐霞客登临黄山时曾赞曰:"薄海内外之名山,无如徽之黄山。登黄山,天下无山,观止矣!"后人引申为"五岳归来不看山,黄山归来不看岳"。清朝人赵吉士《寄园寄所寄》评述:"江南之奇,信在黄山;黄山之奇,信在诸峰;诸峰之奇,信在松石;松石之奇,信在拙古;云雾之奇,信在铺海。"灵秀奇异的怪石,苍劲挺拔的奇松,变幻莫测的云海,晶莹剔透的温泉,构成"黄山四绝",成为黄山最为独特的自然景观。名冠天下的黄山毛峰茶正孕育于此,因无纤尘之染,有寂静之气,自清朝光绪元年(1875年)面世以来,就享有经久不衰的盛名。

二、黄山毛峰的"前世今生"

黄山地域古属歙州,宋徽宗宣和三年(1121年)改名徽州。黄山茶源于隋唐,兴于明清。明代许次纾的《茶疏》述:"天下名山,必产灵草,江南地暖,故独宜茶。"清代江澄云《素壶便录》述:"黄山有云雾茶,产高山绝顶,烟云荡漾,雾露滋培,其柯有历百年者,气息恬雅,芳香扑鼻,绝无俗味,当为茶品中第一。"日本荣西禅师著《吃茶养生记》曰:"黄山茶养生之仙药也,延年之妙术也。"《黄山志》称:"莲花庵旁就石隙养茶,多清香冷韵,袭人断腭,谓之黄山云雾茶。"自明代隆庆年间松萝茶创制伊始,徽州茶叶的制作技艺有了很大提高,种类日益增多,黄山毛峰茶的雏形也基本形成。据弘治十五年(1502年)《徽州府志·土产》述,"近岁茶名细者有雀舌、莲心、金芽,次者为下白、走林、罗公,又其次者为开园、软枝、大号,名号殊而一"。其中所述的"雀舌""金芽",与"形如雀舌状,色如象牙黄"的黄山毛峰极为相似。由此,"黄山云雾"被公认为"黄山毛峰"的雏形。

据《徽州商会资料》记载,黄山毛峰起源于清光绪元年(1875年),由徽州谢裕大茶庄创制。茶庄主人为歙县漕溪人谢正安,既经营茶行,又精通茶叶采制。清明时节,谢正安率若干随从到黄山充川、汤口等地,登高山名园,采肥嫩芽尖,经精细炒焙,创制出白毫披身、芽尖似峰的优质茶,冠名"黄山毛峰"。黄山毛峰茶先入上海,后销往东北、华北市场,再行销海外市场,遂名扬天下。1937年《歙县志》云:"毛峰,芽茶也,南则陔源,东则跳岭,北则黄山,皆地产,以黄山为最著,色香味非他山所及。"抗战前,高档黄山毛峰茶产量达到5 000千克;后因战乱,民不聊生,黄山小源产区茶农过着"斤茶兑斤盐""斤茶换升米"的贫苦生活,黄山大源产区每年也只有少量黄山毛峰茶生产。新中国成立后,黄山毛峰生产得到了较大的恢复,特级毛峰产量一度达到350千克,其余级别毛峰产量最高年份达67 100千克。歙县茶叶公司通过史料研究和实地考察,于1984年春开始,在富溪乡选点新田、田里两村13个村民组生产特级黄山毛峰,其中新田村充川组(原名"充头源")生产的特级黄山毛峰,品质最优,作为歙县礼茶于五一国际劳动节前送往北京。1985年,歙县茶叶公司在收购特级黄山毛峰时,以富溪乡充头源生产的特级毛峰为质量标准,并在原产地充头源定点加工,出口海外。1983年底,经国务院批准,将徽州地区的太平县改为县级黄山市,并将歙县的黄山公社划归黄山市,设为汤口镇。1987年,撤销徽州地区,成立地级黄山市,划歙县岩寺镇和潜口、呈坎、罗田、西溪南、洽舍、富溪、杨村7乡及郑村镇的瑶村为徽州区,原县级黄山市改制为黄山区。至此,黄山毛峰茶的核心产地主要分布于徽州区、歙县、黄山区三个区县。(图1-1)

黄山毛峰原产地原生态茶园(谢裕大茶业　提供)

图1-1

三、茶道融入徽州人生活

徽州之茶道讲究以茶立德，以茶冶情，以茶会友，以茶敬宾；非常注重品茶的环境和饮茶的气氛，思慕心清神静、气清人和、茗清味醇，追求环境优雅、器具典雅、人设高雅。茶道是博大精深的中华茶文化的重要组成部分。徽州人爱喝茶，家家户户一年四季都喝茶。在徽州乡村，家家种茶，人人饮茶，出门环游都携带茶筒茶具，山巅道间大多设有茶亭，"君一日不可无茶"。并且，徽州人以茶为礼，茶为民俗，拜师敬茶，成婚礼茶，祭祖献茶，荣归叙茶。家中待客，客来敬茶，泡茶同饮，礼尚往来。早起一杯茶，涤浊扬清、心旷神怡；午后一杯茶，提神益思、体态轻盈；晚上一杯茶，消食轻肌、气定神闲。饮茶，成为徽州人生活不可或缺的组成部分。茶从山中来，带来兰花香，原生态的环境，自然天成的品质，茶自有真香、有真色、有真味，"熟闷、生散"都会使茶汤失其真味、难透真香。客来矣，壶一把，杯几只，或设席环坐，或任其自斟自饮，方为得趣。明清以来，徽州的茶道茶俗广泛渗透到社会各个阶层，植根于广大平民百姓之中，成为整个社会的基本生活需求和民间习俗。

四、屯溪自古为茶镇

皖江南北，有山就有茶，有茶就有市，有市就有镇，有镇就有水。徽州重镇屯溪位于安徽最南端，皖浙赣三省结合部，地处"两江交汇，三省通衢"的优越位置，自古以其水运畅通的优势而成为皖南山区物资集散地和经济重地。明嘉靖二十七年（1548年）时，屯溪已是我国著名的茶市之一；明清时期，屯溪居徽州四大古镇之首，是全徽州的商业中心。对黄山毛峰而言，新安江及其支流是对外运输的黄金水道，屯溪古镇便是徽州最重要的茶商活跃之地。清末，屯溪茶商崛起，"屯溪绿茶"外销兴盛，茶号林立，茶工云集。民国时期，安徽省厘金局、盐公堂、商会等商业机构均设在屯溪。抗战期间，屯溪成为第三战区的军事、政治和经济中心，大批商贾和难民涌入屯溪，人口骤增，一度经济繁荣，被称为战时"小上海"。屯溪文化荟萃，古迹众多，是明代珠算大师程大位的故里，又是清代朴学家戴震的桑梓。屯溪篁墩是程朱理学奠基人程颐、程颢和朱熹的祖居地,被喻为"程朱阙里"。始建于南宋,明清建筑特色鲜明的屯溪老街,被誉为"活动的清明上河图",新安江正源、横江、率水在此汇集,穿境而过。1938年,全国实行茶叶统制,国民政府财政部贸易委员会在屯溪设皖赣办事处,品质上乘的徽州茶经新安江水运至浙江,再转海运销往香港等地,筹资抗日,这正是抗战时期"实业救国、救亡图存"的真实写照。

第三节
太平猴魁茶的源流

一、猴魁属尖茶之魁首

太平县建县于唐天宝七年(748年),1983—1987年改名为县级黄山市,1988年改名为黄山区(辖属地级黄山市)。太平县种茶历史悠久,据史志记载,早在唐天宝(742—756年)年间,当地农人已将种茶作为主业。《太平县志》载:"太民难于为业,亦勤于为业……无田者以山为业,间植桐漆、植茶以资旦夕……"安徽的尖茶类名茶主产于太平、旌德、泾县、宣城、宁国等地,以太平、泾县居多。清乾隆元年(1736年),《江南通志》有"太平龙门山产翠云茶,香味清芬"的记述,翠云茶就是尖茶的前身。清朝末年,太平尖茶产销两旺,南京知名茶庄太平春、江南春、叶长春等纷纷在太平县设立茶号,大量收购加工尖茶。清光绪中后期,太平人在南京、扬州、武汉等地开设的茶庄、茶店、茶栈有上百家之多,太平茶叶在沿江一带十分走俏,太平茶叶与茶商盛极一时。当时南京江南春茶庄设在家乡太平茶区的茶叶收购站,为提制上等好茶,从成品茶中拣选长而匀齐的尖芽,称为"奎尖茶",运至南京单独销售,获利甚厚。受独特优越的生态环境的影响,猴坑、猴岗、颜家一带的茶树苗壮生长。1900年前后,家住猴岗的茶农王魁成(人称"王老二"),拥有丰富的茶叶生产经验,特别精于茶叶加工。他受到"奎尖茶"的启发,认为与其在制成干茶后挑选,不如在采摘鲜叶时就精挑细选适制的芽叶,随即在猴坑海拔709米的凤凰尖一个叫泼水凼的高山茶园内,精选出又壮又挺的一芽二叶,经过精作细焙,制成的干茶规格高、质量好,被称为"王老二魁尖"。1910年,根据南京叶长春茶店的建议,猴坑人方南山、方先柜、王文志(王魁成之子)及老伙计张富荣四人,在"王老二魁尖"的基础上,共同努力、精心研制,特别制作了2千克"魁尖",陈列在南京举办的南洋劝业会上,这是中国首次官办的国际性博览会。由于该茶创制于太平县猴坑一带,品质上乘,为尖茶魁首,为避免混淆,特以猴坑产地冠名,定名为"猴魁"。1912年,根据太平知名绅士刘敬之的建议,太平商会将"猴魁"正式命名为"太平猴魁"。1915年,美国为庆祝巴拿马运河通航,在旧金山举办了规模空前的巴拿马万国商品博览会,中国送展的太平猴魁荣获一等金质奖章和证书。1949年后,因猴魁产量少,仅作为国家礼茶,每年4月中下旬,由安徽省茶叶公司(后改为公安部)派员到猴坑征购,并于5月1日前送到北京,分别供给中南海、外交部、人民大会堂等单位,用以招待中外来宾。1955年,中国茶叶公司对全国优质茶组织鉴定,太平猴魁被评为全国十大名茶之一;1982年获商业部名茶称号;1983年获外贸部优质产品证书。

二、茶树生长于峻峭山岭

太平猴魁原产地位于黄山北麓、青弋江源头的新明乡猴坑、猴岗、颜家等地。太平猴魁属我国尖形绿茶中的极品名茶,主产地高峰耸立,群山环抱,林木苍郁,翠竹婆娑,常年云雾缭绕。当家茶树品种为柿大茶种,土壤属变质页岩风化的乌砂土。高山茶园海拔300米以上,茶园大多朝向背阴或半阴半阳,茶园周围植被覆盖率在90%以上。1970年,处于太平、泾县之间的陈村水库开始蓄水成人工湖,形成了方圆约50平方千米的水面,后称太平湖。太平湖边缘弯弯绕绕、港汊密布,俯视太平湖,其形状令人称奇,宛如一条一飞冲天的巨龙。湖光山色、群峰叠翠、云蒸霞蔚、兰花丛生,形成了得天独厚、绝无仅有的生态环境。在猴魁核心产地,翻滚的云海从头顶掠过是平常之事。春天的雨后气象万千,茂密的山林间和开阔的湖面上,蒸腾的水汽开始迅速地聚集。清晨,在石缝中潜伏了一夜的水汽结成庞大的雾团,在光和热的作用下,酝酿出气势磅礴、生机盎然的云波雾海。云雾是茶叶最好的"乳汁",猴魁产区被群山包围,极易聚集水汽,在浓淡相宜的云雾中,茶树茁壮成长。太平猴魁终日与白云清泉相伴,与空谷幽兰相邻,与湖光山色相映,这使得太平猴魁茶味醇厚,香气淡雅,饮后唇齿留香,喉底回甘。猴魁风韵像君子、像隐士,含而不露,幽从底出,茶馥如兰,难以言表。(图1-2、图1-3)

太平猴魁茶原产地狮形山凤凰尖茶园(猴坑茶业 提供)

图1-2

黄山市黄山区新明乡猴坑村高山茶园(丁勇 摄)

图1-3

三、猴魁茶自带"猴韵"

太平猴魁是有着传奇故事的历史名茶,有灵猴般的张扬与激情,更有茶之魁首的卓然不凡。如果说太平猴魁是最富个性的绿茶,那么猴坑所产猴魁则是太平猴魁中的"翘楚"。得天独厚的生态环境和精益求精的制作技艺,汇集着猴魁之优,诠释着猴魁之韵,由此维系着太平猴魁在世人心中的真正地位。

说起猴魁之韵的"猴韵",众说纷纭、莫衷一是,有将"藏芽、味浓、香高、成熟、脉红、含情"称为"猴韵",有将"清正、鲜活、回甘、悠长"称为"猴韵",有将"含而不露,幽从心底生"称为"猴韵"。各种对"猴韵"的描述和注解大多惟妙惟肖、亦正亦真,都是对猴魁之韵的溢美之词。所谓"有一千个读者,就有一千个哈姆雷特","猴韵"的确切意蕴,只可意会,实难言传。笔者认为,"猴韵"的内涵主要体现在产地自然环境的"神韵"、茶叶精工细作的"巧韵"、猴魁形质优异的"风韵"、人文积淀深厚的"和韵","四韵"之美构成了猴魁自带"猴韵"的神奇。

太平猴魁的色香味形颇具"猴韵":外形平扁挺直,魁伟重实;色泽苍绿,白毫隐伏,叶脉略显"红丝线";汤色清绿,兰香高爽;滋味甘醇,回味悠长。冲泡时,龙飞凤舞、腾云驾雾,继而"兰花"初绽、"刀枪"云集;品饮时,头泡香高,二泡味浓,三泡、四泡仍唇齿留芳。猴韵,来源于得天独厚的自然环境。旧太平县(今黄山区)南耸黄山之雄奇,北卧太平湖之妩媚,西承九华山之佛光,集名山、胜水、茂林、修竹、仙洞、幽谷于一体,境内山清水秀,云蒸霞蔚,鸟语花香,好一块镶嵌在皖南腹地的稀世翡翠,好一幅美不胜收的大美画卷,好一处沁心透肺的天然氧吧。太平猴魁核心产地依山枕湖,形如鸟巢。蓝水河蜿蜒而来,绵延而去,像一条润碧飘逸的绸带。天光云影,烟雨迷蒙,绿风浩荡,琼枝摇曳,溪水潺潺,虫鸟和鸣,猴坑村成了煎煮自然万象的"通灵葫芦"。猴魁茶原产地山高林密,泉流瀑溅,灵猴攀跃,野趣横生。茶园多坡向偏东北,呈斑块状,分散依偎于密林浓荫怀抱,可抵御暴雨、烈日、寒风、病虫的侵扰。猴韵,也来源于性状特异、品质优良的柿大茶品种。猴韵,又来源于精湛娴熟、精妙绝伦的传统采制技艺。猴韵,更因伟人、精英的际遇与恩泽而流光溢彩、愈加隽永。

四、芜湖开埠的通商需求

芜湖位于安徽省东南部,地处长江下游,物产丰富,交通发达,水阳江、青弋江在此流入长江,是皖中、皖南的咽喉门户。历史上,芜湖已是巨筏云集、水陆毕至、市廛鳞次、百货翔集的繁华商埠,是皖南山区、巢湖地区以及淮河流域竹木、米粮、食盐、丝茶等农副产品的集散中心。1876年《中英烟台条约》将芜湖辟为通商口岸,外国势力在芜湖开辟租界,设置海关,开设洋行,芜湖经受了政治、经济、文化上的一系列冲击,并将其影响放射到沿江城镇及安徽各地。西方势力控制芜湖水路交通后,芜湖成为中外商人角逐的工贸场所和洋货销往内地的转运站,极大地刺激了当地的米粮、矿产、茶叶和土特产交易,也决定了近代芜湖城市经济以外贸为先导、以商业为支撑的发展路径。芜湖米市"堆则如山,销则如江",成为与长沙、九江、无锡齐名的四大米市之一,当时年出口大米多达500万担。并且,芜湖也成为与上海、汉口、福州齐名的国内四大茶叶通商之地。青弋江是长江下游最大的一条支流,源起太平、黟县,流经石台、旌德、泾县、南陵、芜湖,清朝嘉庆年间,通航百担左右的木帆船,沿江上行可至泾县、太平等地,曾是皖东南区域进出长江最繁忙的水运通道。在水运至上的年代,通商的芜湖是当时安徽最繁华、最显赫的经济、文化中心。同时,青弋江流域也是我国尖形绿茶的发源地和主产地,在近代芜湖茶叶通商的影响和驱动下,作为青弋江正源的原太平县(现黄山区),在自然禀赋丰厚的绝地玄境,诞生了尖茶之王太平猴魁,并沿着青弋江的蜿蜒水道一路乘风破浪运抵芜湖,转销四海。

第四节
六安瓜片茶的源流

一、六安自古产名茶

六安自古产茶,唐代称"庐州六安茶"。"天下名山,必产灵草……大江以北,则称六安",此为明代许次纾《茶疏》的开卷之语。古代诸多诗词中,有许多是赞美六安茶的。其中两首最为出名,一是明朝三位名人李东阳、萧显、李士实联手撰写的七律赞六安茶:"七碗清风自六安,每随佳兴入诗坛。纤芽出土春雷动,活火当炉夜雪残。陆羽旧经遗上品,高阳醉客避清欢。何日一酹中霖水?重试君谟小凤团。"二是清朝霍山县令王毗翁描述的霍山黄芽:"露蕊纤纤才吐碧,即防叶老须采忙。家家篝火山窗下,每到春来一县香。"清朝乾隆年间,关于六安名贡"梅片"有许多记述。清代诗人袁枚(1716—1797年)一生对茶情有独钟,尝遍南北名茶,在所著《随园食单》一书中,还特别提到"六安银针、毛尖、梅片……"清乾隆四十一年(1776年)《霍山县志》记述:"茶本山货属,以茶为冠。其品之最上者曰银针(仅取枝顶一枪),次曰雀舌(取枝顶二叶微展者),又次曰梅片(择最嫩叶为之)……皆由人工摘制,俱以雨前为贵。"清光绪三十一年(1905年)《霍山县志》记载有梅花片茶名,称"梅花片、兰花头、松萝者则茶初放叶者"。

《中国茶经》述"自从明代炒青绿茶盛行以后,各地茶人对炒制工艺不断革新,因而先后产生了不少外形内质各具特色的名优绿茶。如……六安瓜片等"。六安茶乡自古人才辈出,名茶云集。清康熙年间,临近齐山的龙门冲就出了一位名震六(安)霍(山)百里茶乡的制茶能人,姓涂字乾吾,他才艺精湛,经他炒焙的茶叶,色香味俱佳,世人以姓传名为"涂茶",其逝后"涂茶遂绝"。六安人余白在《癖茶行》一文中曾描述过"涂茶"制法:"采在雨前雀舌先,刻期露凝鸡唱澈,辟汪惮经手指拈,玉碗盛承银甲折,制具一釜口无尺,磨烫月白光闪灼,松毛代薪文火微,一焙数钱不著青,聚钱成雨细收香,收香秘诀莫测度。"由此可见,六安瓜片炒焙技艺是在明代六安芽茶基础上发展而来的,并经过数代茶人的不断探索和改进。"六安瓜片"起源于"六安茶",在清朝末年由"六安

六安齐头山

六安瓜片茶原产地齐头山上幽长的小道（六安市茶业局提供）

图1-4

茶"之中的"齐山云雾"演变而来，当地人流传"齐山云雾，东起蟒蛇洞，西至蝙蝠洞，南达金盆照月，北连水晶庵"的说法。六安瓜片原产地在齐头山周围山区，清朝列为名品入贡，并畅销于江淮之间和长江中下游一带，以及京津地区。随着入贡京师，瓜片茶在北方亦盛行起来。北京一些较大茶店装修门面，涂饰金粉，曾悬挂"古甃泉逾双井水，小楼酒带六安茶"的楹联。唐、宋史志，皆云寿州产茶，其时盛唐、霍山隶寿州，盛唐县后改为六安县。清道光《寿州志》记述"寿州亦产茶，名云雾者最佳，可以消融积滞，蠲除沉荷"。（图1-4）

二、瓜片成茶中一绝

关于六安瓜片的历史渊源，多年来许多茶人文士寻根溯源，略有所获。较为可信的说法有两种：一说，1905年前后，六安茶行一评茶师从收购的绿大茶中拣取嫩叶，剔除梗芽，作为新产品应市，获得成功。信息不胫而走，六安麻埠的茶行闻风而动，雇用茶工，如法采制，并起名"峰翅"（意为"毛峰之翅"）。此举又启发了当地一家茶行，其在齐头山的后冲，从采回的鲜叶中剔除梗芽，并将嫩叶、老叶分开炒制，结果成品茶的色香味形均使"峰翅"相形见绌。于是附近茶农竞相学习，纷纷仿制。这种片状茶叶因形似葵花子，遂被称为"瓜子片"，后称为"瓜片"。二说，古镇麻埠附近的祝氏士绅，在后冲雇用当地有经验的茶工,专拣春茶的第1～2片嫩叶,用小帚精心炒制,炭火烘焙,所制新茶形质俱丽,遂献于京城一高官,后大受追捧,六安瓜片由此脱颖而出。其色香味形别具一格,故博得广大饮茶者的喜好,逐渐发展成为全国名茶。两者说法的共同之处是,六安瓜片茶的创制年代为1905年左右,产地在六安齐头山一带,在绿大茶的基础上,汲取了毛尖、菊花茶、兰花茶的采制技术精髓创制而成。(图1-5、图1-6)

　　梅花片茶与兰花头、松萝春统称小茶。1949年前,六安瓜片有提片(1、2叶)、瓜片(3叶)、梅片(4叶及以上)几个等级。六安瓜片,具有深厚的历史底蕴和丰富的文化内涵,产自安徽省六安市大别山一带。在现有的茶叶中,六安瓜片是唯一无芽无梗的茶叶,由单片鲜叶制成。去芽不仅保持单片的形体,而

六安齐头山蝙蝠洞远景(六安市茶业局　提供)

图1-5

六安齐头山蝙蝠洞近景(徽六瓜片　提供)

图1-6

且口感不青涩、更纯正;瓜片原料的茶梗大多木质化,易显粗老味,剔梗后以单片炒焙制成瓜片茶,可确保茶味浓而不苦,香而不涩。六安瓜片每逢谷雨前后十天之内采摘,采摘时取二三叶,求"壮"不求"嫩"。20世纪50年代初期,六安瓜片被列为全国形质俱佳的十大名茶之一,人们评价"其外形似瓜子,色泽翠绿,香气清高,味鲜甘美,属片形茶"。瓜片冲泡后,先浮于上层,水盖如冠,后浸润舒展,形似朵朵祥云,状如片片莲花,清香扑鼻。

三、瓜片茶的产销历史

六安瓜片生产有一定的区域性,核心产地位于淠水上流,齐头山周围的原六安县(今裕安、金安两区)、金寨县及霍山县部分乡镇。早期,六安瓜片受战争、市场、价格等多种因素影响,历经沧桑,产量与销售量较小,多为豪门富商阶层垄断。20世纪20年代,六安茶市较为兴盛,外埠商人陆续云集六安,坐庄经销茶叶,麻埠、独山、毛坦厂及六安城关等地,茶行茶庄应运而生,瓜片市场一度出现盛产旺销的局面。据资料记载,1931年独山交易市场片茶均价(中准价)85.23元/担,大米均价3.12元/担,茶粮比价27.3:1,六安瓜片价格较舒城兰花茶高1倍多,较毛坦厂黄大茶高3.1倍,故片茶产区素有"斤茶斗米"之说,即一斤(1斤=500克)片茶可兑换一斗(约11.5千克)大米。(图1-7、图1-8)

在市场畅销、销价高昂的刺激下,广大茶农纷纷改制片茶,甚至大面积垦荒种茶,生产区域由淠河上流的内山向外山扩展,茶园面积、茶叶产量骤增。据黄奠中《皖西茶叶考察报告》统计资料,1939—1941年,皖西(今六安市)茶园面积达34.5万亩(1亩≈666.7米^2),茶叶产量达95 511担,其中片茶产量为3 000～3 500担,以原六安县产量最多,占90%以上。麻埠、独山、流波、龙门、苏埠等山口集镇,茶行林立,茶客熙攘,成为片茶主要集散之地。1955年,六安瓜片收购量达3 716担(其中原六安县3 260担,金寨县456担)。1985年,六安瓜片产区由原三县五区十一乡扩大到十一区四十五乡,瓜片总产量达8 000担,国家收购5 783担,超过历史最高水平。六安瓜片在国内市场,由原主销长江中下游城市,扩销到淮北、苏北、山东、河南及京津地区,并进入香港、澳门地区及新加坡市场。80年代后期由于产销体制、消费市场变化等多种原因,传统的生产经营方式已不能适应新的发展形式,六安瓜片生产一度受到很大冲击,

六安瓜片茶核心产地六安市裕安区内山茶园（徽六瓜片　提供）

图1-7

六安市裕安区独山茶场（徽六瓜片　提供）

图1-8

直到90年代末,六安瓜片才重新恢复生机,发挥名茶品牌优势,不断拓展国内外市场。

四、麻埠为皖西茶市之首

六安麻埠自古即为皖西大别山区最重要的茶市,六安瓜片正是孕育于此、汇集于此,麻埠古镇的茶贸兴旺和茶商需求,推动了六安瓜片茶的问世。古麻埠在北魏(386—534年)为霍州边城郡,故称"边城",古镇南城楼上曾镌有"边城保障"四字,北宋时期(960—1127年)为全国十二茶市之一。清咸丰、同治年间,湖北、江西、皖南移民渐次入境定居,并建有湖北、江西、旌德、宁池等会馆。古镇麻埠以生产茶、麻著名,唐宋至明清,周边山场广植茶树,产量渐增,销往京、津、鲁、冀、晋和内蒙古等地。明清两代,设茶卡,有巡检司保护,麻埠附近齐头山所产片茶入贡宫廷。清末民初,安徽茶厘分南北两局,南局在皖南屯溪,北局即设于麻埠镇,而其他各产茶地区只设局以下的分卡机构。民国三十一年(1942年),麻埠年产片茶71.6万千克,大茶29.8万千克,茶叶产量、质量居皖西之冠。民国时期麻埠街有大小茶行30余家,春季营茶,秋季营麻。1949年前后为水运兴盛的年代,这里非常繁荣,有"小上海"之称。史上著名的麻埠街南北长、东西狭,一条穿街小河自北向南流入西淠河。镇内有北大街、中大街、南大街三条主要街道,其宽约4米,石块铺砌,是主要的商业街道。1957年,麻埠古镇成了淠史杭工程响洪甸水库的淹没区。2008年11月,金寨县撤响洪甸镇、响齐办事处,并重新命名为麻埠镇。从此,举世无双的六安瓜片的袅袅茶香重新萦绕在新麻埠的天地间。

第二章 三大名茶的品种资源与生态环境

『天下名山，必产灵草。江南地暖，故独宜茶。』一片神奇的东方树叶，长在高山上，香自苦寒来。三大名茶产自资源禀赋丰裕的古老茶区，拥有珍稀优异的品种资源、得天独厚的生态环境。

本章重点介绍黄山毛峰、太平猴魁、六安瓜片三大名茶的品种资源、生物特性、生态环境、产制规模和产区建制等。

神奇的树与叶

一、茶树的生物学特性

茶树是多年生的灌木型或(小)乔木型常绿植物,完整的成年茶树由根、茎、叶(营养体)和花、果实、种子(生殖体)组成。陆羽在《茶经》"茶之源"中描述茶树的形态特征:"茶者,南方之嘉木也。一尺、二尺乃至数十尺……其树如瓜芦,叶如栀子,花如白蔷薇,实如栟榈,茎如丁香,根如胡桃。"茶树的根由主根、侧根、细根和根毛(吸收根)组成,通常根冠比(地上部与地下部干物质比例)为1:1,这正是民谚所说"根深才能叶茂"的道理。乔木型、小乔木型茶树都有明显的主干茎;灌木型茶树丛状生长,没有明显的主干茎,骨干枝上生出侧枝,侧枝上再生多级分枝,经适度采剪,就形成了弧形或平面形绿叶冠层。茶树的叶片生长在枝条上,为单叶互生,由叶柄和叶片组成。茶树花由花萼、花瓣、雄蕊、雌蕊组成。茶树秋冬季开花,异花虫媒授粉,从开花到结果,再到果实成熟,大约要一年四个月的时间,故有茶树花果并存(俗称"抱子怀胎")的奇特现象。茶树叶片可分为鳞片、鱼叶和真叶。鳞片质地较硬,色泽黄绿;鱼叶因形如鱼鳞而得名,两者有保护幼芽和减少蒸腾失水的作用。真叶的大小、色泽、厚度和形态各不相同,并因品种、季节、树龄等条件而异。叶形有椭圆形、卵形、长椭圆形、披针形、倒卵形、圆形之分,叶尖有急尖、渐尖、钝尖和圆尖之别。

二、茶树芽叶的生长特性

芽是茶树茎、枝、叶、花、果的原始体。按形成季节,可分为春芽、夏芽、秋芽。按芽的性质,可分为叶芽和花芽,叶芽展开后形成的枝叶称为新梢。按其着生位置,分为定芽和不定芽。定芽又分顶芽和腋芽,位于枝条顶端者为顶芽,着生在枝条叶柄与茎之间者为腋芽。太平猴魁茶园需要定向培育立体树冠的顶芽,以达到芽壮、叶嫩、枝长的原料规格;而黄山毛峰、六安瓜片茶园则无须定向培育树冠,立体树冠、弧形树冠均可,新梢采摘以腋芽为主。茶树的根、根茎和茎上都可以产生不定芽,这部分芽的萌发是茶树更新复壮的基础。茶树的休眠芽多在秋季形成,又称越冬芽,外由3~5枚富有蜡质的鳞片和1枚鱼叶包围,并富集较多的茸毛,以抵御严寒的越冬环境。芽的大小、形状、色泽以及着生茸毛的多少与茶树品种、生长环境、管理水平有关。一般对绿茶品种来说,芽叶重、茸毛多、有光泽的,是茶树生长健壮、品种优良的重要标志,栽种茶树的目的主要是为了采收幼嫩的芽叶。

三、新梢茸毛的形态特征

茶树新梢上的嫩芽和嫩叶背面的茸毛,在茶叶加工干燥之后自然形成茶毫。春季的芽叶自越冬芽萌发而来,当然御寒的茸毛较多,新梢加工后茶毫显露;夏秋茶的芽叶萌动生长无御寒之忧,当然茶毫不显,这也是区别春茶、夏茶的一个重要参考依据。嫩梢茸毛的长度、密度、粗度、色泽、分布特征依品种而不同。茸毛主要着生于幼嫩芽叶的下表皮,内含丰富的茶氨酸,可以提高茶汤的鲜爽度。茸毛基部有分泌芳香物质的腺细胞,能分泌芳香物质,因此幼嫩芽叶茸毛多,制出来的茶叶多具有毫香。茸毛以芽最密,并随着幼叶成熟而自行脱落。茸毛多少与茶树品种、季节和生态环境密切相关,色泽与制茶过程中内含物质的变化有很大关系。绿茶、白茶的加工中,因茶多酚未被氧化或较少氧化,茶毫通常呈现浅白色;红茶中茶多酚多被氧化成茶黄素、茶红素等,茶毫呈现金黄色。一般而言,茶叶嫩度越高,茶毫就越多。芽叶茸毛多,对大多数茶类来说是一个极其重要的优良性状。

四、佳茗香自苦寒来

关于茶树生长的良境和逆境,学术界一直颇有争论。茶树生长在高山之上,原生态的自然环境中保持着丰富的生物多样性,生态链较为完整,自然调节力强,可以理解为茶树生长的生物良境。同时,高山上通常土层浅薄、山石风化程度低、土壤贫瘠,冬季气温低、风力大,易遭受低温冻害,茶树生长缓慢且处于气象、地理等非生物逆境之中。茶树的生长势需要良好的立地条件、肥沃深厚的土壤、丰沛均衡的雨水、无极端表现的气象。茶树的长势旺盛并不代表茶叶的品质优良,茶树在能够忍受的逆境中生长,累积了一些对茶叶品质有决定性影响的差异化次生代谢产物,正所谓"长在高山上,香自苦寒来"。春茶是当年3月下旬到5月中旬之前采制的芽叶制成的。春季温度适中,雨量充沛,茶树经过了漫长冬季的休养生息,春芽肥硕、色泽翠绿、叶质柔软,富含游离氨基酸和非酯型儿茶素,品质表现为滋味鲜醇、香气高长。夏茶是5月下旬至7月下旬采制的芽叶制成的。夏季天气炎热,新梢芽叶生长迅速,使得水浸出物含量相对减少,香低味涩,品质较次。秋茶是8月中旬至霜降采制的芽叶制成的。秋季气候条件介于春夏之间,江南、江北茶区的秋旱严重,茶叶滋味和香气显得比较平和。平地茶的芽叶较小,叶张平展、叶色欠润,制成的干茶大多条索较细瘦,身骨轻,香气低,滋味淡。由于高山环境符合茶树喜温、喜湿、耐阴的习性,与平地茶相比,高山茶芽叶肥硕,色泽绿,茸毛多。制成干茶则条索紧结、芽壮叶厚、白毫显露,香气浓郁且耐冲泡。光照是茶树生长的首要条件,不能太强或太弱,茶树对紫外线有特殊嗜好。温度包括气温、地温,年平均温度在18~25℃较为适宜。地形条件主要有海拔、坡地、坡向等,随着海拔的升高,气温和湿度都有明显的变化,在一定高度的山区,雨量充沛,云雾多,空气湿度大,漫射光强,对茶树生长有利。

五、一方水土育一方茶

我国有关茶区最早的文字表述始于陆羽的《茶经》,该书把当时种植茶树的43个州、郡划分为八大茶区。现今,根据茶区地域差异、产茶历史、品种划分、茶类结构、生产特点,将全国一级茶区划分为四个:华南茶区、西南茶区、江南茶区、江北茶区。安徽茶区地跨江南、江北,主要包括皖南的黄山茶区、皖西的大别山茶区、皖东南及沿江茶区三大重点区域。黄山毛峰茶主产于黄山茶区新安江源头之一的丰乐湖流域,太平猴魁茶主产于黄山茶区长江支流青弋江正源的太平湖流域,六安瓜片茶主产于大别山茶区淮河源头之一的响洪甸库区流域。一方水土育一方好茶,三大名茶的核心产区均在高山之上、湖库之畔,这些适制佳茗的茶树扎根于静寂的原野,傲雪凌霜,享天地之悠长,蒙云雾之润渥,实乃东方之奇树。

六、茶叶制作中的神奇变化

六大茶类的分类系统由当代茶学泰斗、安徽农业大学陈椽教授提出并建立,在《茶叶分类》(GB/T 30766—2014)中,确定了包括生产工艺、产品特性、茶树品种、鲜叶原料和生产地域在内的分类原则;并参照茶叶加工中多酚类的酶促氧化聚合程度(俗称"发酵"),从无到有、由浅入深地将各种茶叶归纳为绿茶、白茶、黄茶、青茶、黑茶和红茶。以发酵程度的提法来划分,易于理解却不甚准确。绿茶的加工重点是钝化多酚氧化酶活性、制止酶促氧化,故绿茶俗称不发酵茶;红茶的加工重点是促进多酚类的酶促氧化,故红茶俗称全发酵茶,茶多酚保留量为40%~50%;白茶在萎凋工序中有微弱酶促氧化,故白茶俗称微发酵茶;黄茶在闷黄工序中有轻微酶促氧化,故黄茶俗称轻发酵茶;青茶(乌龙茶)在做青、晾青工序中有轻度酶促氧化(表征为绿叶红镶边),故青茶俗称半发酵茶;黑茶在渥堆工序中有微生物产生外源酶主导的酶促氧化和自动氧化,故黑茶俗称后发酵茶。除茶类适制性和人文地理差别之外,理论上讲,一种芽叶通过不同的制茶工艺与技术,可以制作成外形、品质迥异的六大茶类,这让世人十分惊异于制茶方法的奇妙变化和制茶技艺的博大精深。

第二节
黄山毛峰茶

一、品种资源

黄山毛峰产区主栽品种以种子实生的有性系地方品种为主,直播种植面积占比约为80%,有性系地方品种主要有黄山大叶种、滴水香种、竹铺种、松萝种、茗洲种、杨树林种、祁门楮叶种、柳叶种、紫芽种和栗漆种等,其中国家认定的地方良种有黄山大叶种、祁门楮叶种,省级认定的地方良种有松萝种、茗洲种、杨树林种,主栽的从黄山茶区当地群体种中选育的无性系茶树良种主要有凫早2号、皖茶4号、翠绿1号、漕溪1号、安徽3号、杨树林783、黄山早芽、茗洲12号等。

适制黄山毛峰的当家品种为黄山大叶种,简称"黄山种"。该种于1984年经全国茶树品种审定委员会认定为有性系茶树良种,编号为华茶21号(GSCT₂₁)。黄山种属有性系,灌木型,中叶类,中生种,二倍体。植株较大,树姿半开张,分枝密度中等,叶片水平状着生。叶椭圆形,叶色绿,有光泽,叶面微隆起,叶身背卷,叶缘平或微弯,叶尖钝尖,叶质厚软。芽叶绿色,尚肥壮,茸毛多,一芽三叶百芽重49.8克。黄山种芽叶生育力强、持嫩性佳、耐瘠性、抗寒性、抗旱性、适应性强。

凫早2号,无性系,灌木型,中叶类,早生种。由安徽省农业科学院茶叶研究所于1980—1989年从杨树林群体中单株选育而成,1996年经安徽省农作物品种审定委员会审定为省级良种,2002年经全国农作物品种审定委员会审定为国家级无性系良种(国审茶2002001)。植株大小适中,树姿直立,分枝密,叶片上斜状着生。叶长椭圆形,叶色绿,有光泽,叶面平,叶身稍内弯,叶齿粗,叶尖渐尖,叶质柔软。芽叶淡黄绿色,茸毛中等。芽叶生育力强,发芽整齐,芽叶密,持嫩性强。

皖茶4号,又名红旗1号,无性系,灌木型,中叶类,早生种。由安徽省农业科学院茶叶研究所、祁门县农业技术推广中心、祁门县箬坑乡红旗茶苗专业合作社从祁门槠叶种中选育而成,2016年12月通过安徽省非主要农作物品种鉴定(皖品鉴登字第1617001)。发芽比福鼎大白茶早6~7天;芽叶较壮、黄绿色、茸毛中等,一芽二叶百芽重31.0克,产量高;红绿茶兼制,制名优绿茶品质优异;越冬抗寒及抗病性较强。

翠绿1号,无性系,灌木型,中叶类,早生种。由安徽省农业科学院茶叶研究所、黄山市翠绿茶菊有限公司、歙县一品兰香家庭农场从黄山大叶种中选育而成,2015年12月通过安徽省非主要农作物品种鉴定(皖品鉴登字第1517001)。发芽期比福鼎大白茶迟1~2天;芽叶较壮、黄绿色、茸毛中等,一芽二叶百芽重38.0克,产量高;红绿茶兼制,品质优良;越冬抗寒及抗病性较强。

二、生态环境

黄山旧称黟山,因峰岩青黑,遥望山色如黛而名,相传为黄帝"栖真之地"。黄山山脉是皖南山地的中枢,主干沿北东向南西展布,绵亘150千米,东接皖浙交界的天目山,西南蜿蜒至江西境内,北与九华山相连,南至屯溪盆地。黄山主要分布于黄山市所辖的黄山区、徽州区、歙县、黟县、休宁、祁门和宣城市旌德县、绩溪县及池州市石台县等地之间,是长江下游与钱塘江的分水岭。黄山有三大支脉:一是牯牛降支脉,位于祁门、石台两县交界地带,从祁门县赤岭口向西南延伸,延伸方向为75°~255°,最高峰牯牛降海拔1 727.6米;二是大会山支脉,以高岭脚至谭家桥断裂为界,由70°~45°展布,西南抵休宁县南塘乡,东北达旌德县城,最高峰上阳尖海拔1 402米;三是仙严岩支脉,以漳前至旌德断裂与大会山为界,东部以宁国至歙县断裂谷与天目山脉隔断,呈45°~255°延伸,最高峰仙严岩海拔1 116米。

黄山毛峰茶生长在北纬30°左右的位置,神奇的北纬30°地球环线蕴藏了不胜枚举的自然、人文景观和丰厚物产。黄山毛峰产区位于亚热带和温带的过渡地带,降水丰沛,山高谷深,溪多泉清湿度大,岩峭坡陡能蔽日,土壤松软,植物茂盛,林木葱茏。毛峰原产地属亚热带季风气候,多阴雨和云雾天气,全年稳定通过10℃的平均积温4 200~5 000℃,年平均日照时数1 810小时,降水量1 800~2 000毫米,年相对湿度71%~78%。黄山的山地茶园以黄红壤、山地黄棕壤为主,有少量山地黄壤、紫色砂岩分化土等。如此优越的自然生态条件,非常适宜茶树优质芽叶的孕育、生长。黄山不仅盛产名茶,而且多有名泉。据《图经》记载:"黄山旧名黟山,东峰下有朱砂汤泉可烹茗,泉色微红,此自然之丹液也。"名山、名茶、名泉,相得益彰,堪称绝配。

三、产区建制

清光绪元年(1875年),徽州漕溪人谢正安创制黄山毛峰茶,其芽叶原料选自富溪充头源的高山茶园,充头源系黄山毛峰茶的发源地(史称"毛峰小源")。(图2-1)

至于黄山毛峰的传播发展,从充头源古道走向和山民交往来看,大体分为三步:一是以充头源为起点,南沿溪水而下,经大源、寺坪、黄柏山、双坑口到漕溪;东越麻袋头到新田及瓦窑坦、横路下;西翻石头岭再过八道河到汤口。二是漕溪东北进碣石、福州、小圩;南下经长坞、西坑、杨家镇、郑村至东坑口;新田沿河到新屋下,横路下外到社屋后、里进田里;汤口北上黄山桃花峰、紫云峰、慈光阁、云谷寺及黄山北向松谷庵,属高山名园;西出到芳村、冈村,并南下到杨村、洽舍,东下至山岔。此时,黄山小源遍及各村庄、汤口和黄山名园。三

黄山毛峰小源的一棵古茶树(现移栽于黄山市徽州区岩寺镇经开区　谢裕大茶业提供)

图2-1

是芳村传金竹坑、鸭坑,罔村传大岭下、阮溪山、箬箬坑,杨村传胡村、梅村、石咀湾、山口、蒋村、桃源、篁村、金村、山头,泊舍传山岭下、金下、吴家林(长潭)、牛头坑(张村),至此,经推广普及,形成了黄山毛峰茶的大源产区。黄山毛峰茶的核心产区主要分布于黄山区的汤口,歙县的溪头、许村,徽州区的富溪、杨村、泊舍,休宁县的蓝田等乡镇。现今,黄山毛峰茶的产地范围已扩展为安徽省黄山市管辖的行政区域屯溪区、黄山区、徽州区、歙县、休宁县、黟县、祁门县的绿茶生产乡镇。(图2-2)

黄山毛峰生产核心基地茶园
(现黄山市徽州区富溪乡富溪村,谢裕大茶业　提供)

图2-2

四、制作演变

徽州旧称歙州,自古产茶,源起魏晋,兴于唐宋,盛于明清。徽州休宁松萝茶的问世,改蒸青为炒青,破团茶为散茶,这是茶叶历史上具有划时代意义的革新,破解了茶叶品质难以突破的魔咒,从此,有了绿茶的分类定义,进而依次诞生了六大茶类。古代的茶叶大体分为"进贡茶"和"民间茶"两大类别。进贡帝王的贡茶在采摘地域、时间、规格上,鲜叶原料的极致要求,采摘上的极度苛刻,制作上的精益求精,造成贡茶采制技术难以推广与传播,商家更不能以贡茶之名制作售卖。同时,古徽州的松萝茶和大方茶,自创制伊始就定位于民间茶,杀青、做形技术炉火纯青,数量上却偏向于大宗,质量上偏向于大众化,原料采摘较为粗放,干燥工艺以炒干为主,品质上一直难以更进一步。清朝后期,随着贡茶制度的衰落,贡茶与民茶的制作方法逐渐融合,徽州谢氏宗人采摘高山芽壮叶厚之料,使用民茶杀青揉捻之法,借鉴贡茶整形烘焙之术,黄山毛峰茶由此诞生,并通过近代徽州茶商茶号的推广行销,一抹茶香惹人醉,一朝成名天下知。

第三节
太平猴魁茶

一、品种资源

优良的品种资源是太平猴魁品质独特的最为重要的因素之一,太平猴魁当家品种为柿大茶种(图2-3、图2-4)。据1978年原太平县农业局调查,猴魁产区茶树品种有柿大茶、槠叶种、柳叶种、紫芽种和栗漆种,其中柿大茶种占70%以上,2002年已达90%。柿大茶属灌木型,树冠半开张,中生种,育芽能力

太平猴魁茶当家品种柿大茶种之茶王树（猴坑茶业　提供）

—

图2-3

适制太平猴魁的当
家茶树品种柿大茶
种（丁勇　摄）

—

图2-4

强，发芽整齐肥壮，茸毛多，节间短，叶色深绿，一芽两叶嫩梢的生长形态，与猴
魁外形两叶抱一芽、芽尖叶尖三尖相平，是适制太平猴魁的优良品种。1982
年，经安徽省茶树品种审定委员会认定为省级地方茶树良种。自20世纪80年
代起，经过十多年的单株选育及品系比较试验，已选育出新魁1号、2号、3号、6

号、23号等5个无性系茶树新品系,继而在全县(区)境内的猴魁产区推广种植面积有1万余亩。近年来,黄山区的龙头企业、重点育苗大户及骨干茶农已发现、选育出20余个具有优良性状表现的单株或株系,其中,有5个株系正在进行由安徽省农业科学院茶叶研究所组织的茶树品种特异性、一致性和稳定性测试。

二、生态环境

太平猴魁茶的独特品质得益于原产地猴坑一带的生态环境。猴魁核心产地海拔超过700米,地处黄山区(原太平县)城北外约18千米的一个高山地区,位于神奇的北纬30°间,"晴时早晚遍地雾,阴雨成天满山云",非常适宜茶树的茁壮生长。猴魁产区山高林密,雾重雨足,气候湿润,年平均降水量1 556毫米,年均相对湿度79%,每年有雾天240多天,年平均日照时间1 727.4小时,日照百分率40%。茶园在高山上,受惠于局地环流对温度的调节,阴雨天气,山上云雾重重,降温又增湿。茶园坡向偏东或位于阴坡,形成了上午光照足、温度适宜,下午光照弱、温度要比平地低的生态气象。宽阔的太平湖水域环抱猴魁产区,常年雾气蒸腾,大水体效应显著,进一步优化了猴魁茶区的小气候环境。猴坑一带的土壤主要是千枚岩和花岗岩、页岩的风化物,以扁石黄壤类型为主,土壤深厚肥沃,腐殖质含量丰富,pH在5.5左右。原产地猴坑周围的凤凰尖、狮形尖、鸡公尖三座山峰海拔都在800米以上,茶园大多分布在坐南朝北或半阴半阳山坡上,四周植被繁密,森林覆盖率在90%以上,主要为常绿阔叶林、竹林等。这些优良的生态条件可以防止水土流失,减少茶树受寒风烈日的侵袭,树木落叶增加了土壤有机质的含量,因此猴魁的生长环境基本上属于原生态的自然环境。

三、产区建制

太平猴魁茶核心产区为黄山区新明乡猴坑村(原三门村、三合村)的猴坑、猴岗。通常极品猴魁产地为猴坑、猴岗、颜家。猴魁茶次核心产区为除核心产区外的黄山区新明乡猴坑村、樵山村的高山茶园和黄山区龙门乡龙源村、东坑村的高山茶园。猴魁茶的常规产区是指黄山区新明乡、龙门乡海拔400米以下茶园及黄山区三口镇全境。猴魁茶的外围产区为黄山区范围内的其他产区,包括黄山区太平湖镇、甘棠镇、仙源镇、乌石乡等地。现在太平猴魁茶的产地范围已扩展为安徽省黄山市黄山区现辖行政区域的9个镇5个乡。如今,太平猴魁茶既为地理标志保护产品,"太平猴魁"又为地理标志证明商标,已迈入双重保护、规范管理的新阶段。(图2-5)

太平猴魁茶核心产地(猴坑茶业 提供)

图2-5

四、制作演变

茶树生长具有较为明显的顶端优势,即植物的顶芽优先生长而侧芽受到抑制,根部吸收的养分和营养器官合成的代谢物质优先传导给顶芽,形成了顶芽生长旺盛、内含物丰富的自然表现。传统的太平猴魁在柿大茶品种茶园主要选采长势突出的一芽三叶顶芽;现在,太平猴魁生产中,大多对柿大茶群体种茶园和无性系新品系茶园采取定向培育立体树冠,采摘芽壮叶大的一芽三四叶原料,芽叶梗更长、产量更高,品质能达到较佳的"猴韵"风味。太平奎尖到太平猴魁的制作经历了一个复杂的演变过程。茶学泰斗陈椽教授在1960年出版的《安徽茶经》中这样记述:"猴魁的炒制技术有两个特点:一是杀青叶量少,从头至尾抖炒,抓叶轻快,保持芽叶原来形状,不使弯曲或者折叠。二是炒好后,抖开薄薄摊在烘盘上,以芽叶互相不重叠为原则。烘到半干,五指张开,轻轻按压,使其平直和芽叶互相贴拢。翻烘一次,芽叶与烘盘接触面更换一次,就要按压一次,使叶包芽而成扁圆条索。如此重复,芽叶全面按压,逐渐包束,便形成了猴魁的特有外形。其他尖茶,鲜叶较粗大,制工粗放,像猴魁的外形很少,多为松散的扁片状。"太平猴魁在20世纪六七十年代还保持着传统制法,并以优异的品质和精繁的工序迥异于其他名优绿茶。

现今的太平猴魁加工大多采用拣尖、手工杀青、手工捏尖、机器压形及定型烘焙等改良工艺,干茶外形呈长扁平状,芽叶长由传统的5~6厘米调改为7~8厘米,形成了如今太平猴魁高辨识度的外形与内质特征,在一定程度上达到了省工省力、增加产量的效果。清末,太平茶区的茶商茶号云集,收购茶叶加工成尖茶,运销芜湖、南京等地,并从尖茶中拣出扁长的幼嫩芽叶作为优质尖茶供应市场,获得成功。后选采肥壮幼嫩的芽叶,精制成"魁尖"。由于猴坑一带所产魁尖风格独特、质量超群,使其他产地的魁尖望尘莫及,故称"猴魁"。"猴魁两头尖,不散不翘不卷边",正是对太平猴魁的形象描述。尖茶演变成魁尖,又称奎尖,曾分为魁尖、贡尖、天尖、地尖、人尖、和尖、享尖、泰尖、贞尖9个等级。经过反复演变、提制,太平尖茶最终形成了现在太平猴魁茶的形制。而旌德尖茶演变为现在的天山真香茶,泾县尖茶则演变为现在的泾县兰香茶等,奎尖茶的提法制法渐渐退出人们的视野。

第四节
六安瓜片茶

一、品种资源

六安瓜片产区茶树品种大部分是以种子实生的灌木型本地群体品种,群体类型较为复杂。据1981—1983年安徽茶树地方品种资源调查,对瓜片产区中有代表性的六安独山、金寨青山、霍山棋江3个调查点进行品种分析,品种组成比例以中叶型为主,占67.4%,大叶型占14.5%,小叶型占18.1%;在中叶型群体种之中,长椭圆种(俗称大瓜子种)占56%,小瓜子种占24%,其余为大柳叶种、小柳叶种。

适制六安瓜片的当家品种为六安独山双峰中叶种(图2-6),俗称大瓜子种。该品种主要分布在六安独山、同兴寺、石婆店、龙门冲和金寨齐山、麻埠、鲜花岭等地。大瓜子种叶形属椭圆形,成叶叶片长约9.85厘米、宽约3.69厘

六安市裕安区独山中叶种的芽叶特性(徽六瓜片　提供)

图2-6

米,长宽比值约2.66。分枝密,育芽能力强,发芽整齐,春梢萌动期在3月中下旬,一芽三叶开展期为4月上中旬,活动积温434℃,百芽重64.7克。叶片上斜着生,锯齿粗而钝,叶色黄绿,叶面稍隆起,叶脉6~7对,叶身内弯,抗旱抗寒性较强。利用大瓜子种的鲜叶原料炒制的瓜片,外形匀整,色泽宝绿,起霜有润,香气浓醇持久,滋味鲜醇回甘,汤色清绿明亮,叶底嫩绿匀亮。引进的乌牛早、舒茶早等无性系茶树品种,虽然开园开采提前,发芽较为整齐,干茶外形匀整且品相提升,但是瓜片的滋味、香气远不及当地的地方群体种。因此,当前仍需高度重视独山中叶种等地方种质资源保护、提纯复壮及系统选种等基础性工作,以此来实现六安瓜片茶地道风味的传承与发扬。

二、生态环境

六安瓜片茶产于六安市的裕安区、金寨县和霍山县等地,核心产区位于裕安区独山、黄巢尖一带和金寨县麻埠齐头山(图2-7、图2-8)。齐头山属大别山支脉,又名齐云山,最高峰海拔804米,顶方四平,故曰齐头山。山中有水晶

六安瓜片茶核心产地六安独山(徽六瓜片 提供)

图2-7

六安瓜片茶核心产地金寨麻埠(徽六瓜片　提供)

图2-8

庵、白云洞、蝙蝠洞、观音岩等胜迹。六安瓜片茶主产地位于大别山北麓,属淮河水系,气温、光照、降雨、土壤等自然条件和环境,特别适宜六安瓜片茶树的生长。六安瓜片产区按山势高低,分内山瓜片和外山瓜片两个产区。临近齐头山的金寨县齐山、麻埠、鲜花岭,六安市黄涧河、独山、龙门冲,霍山县诸佛庵等地,海拔300米以上的山区为内山瓜片产地,茶树多生长于高崖石隙、山涧峡谷,那里终年烟雾弥漫,土质肥沃,茶叶品质优异。除此之外,都属于外山瓜片产地。六安瓜片品质以六安的齐山、黄石、里冲、黄巢尖、红石等地所产为最佳。瓜片产区海拔大多在100~600米,由于流水切削作用,地形地貌有深山、盆地、低山、丘陵。内山产区林地多、平地少,茶园坡度多在25°以上;外山产区与丘陵相接,坡地平缓,茶园连片。六安瓜片主产区四季分明,季风气候明显,总体温和,雨量充沛,光照充足,无霜期长。年平均气温15 ℃,海拔300米以上的地域低于14 ℃,7月份平均气温28.2 ℃,1月份平均气温2.1 ℃,春秋季气温凉爽温和,4月和10月平均气温分别为15.4 ℃和16.7 ℃,年无霜期210～220天,平均初霜日为11月5日,终霜日为3月29日,全年大于10 ℃的有效积温为4 384～4 750 ℃。年日照时数2 000～2 230小时,年日照百分率约50%。年平均降水量1 200～1 400毫米,据近25年统计,春季降水占28.9%,夏季占41.1%,秋季占19.4%,冬季占10.6%,年平均降水天数为125.6天,常年相对湿度为80%、干燥度在0.8以下,属湿润地带。瓜片产地土壤类型比较复杂,内山产区主要是黄棕壤(普通黄棕壤、山地黄棕壤),成土母质多为花岗岩、花岗片麻岩、角闪片麻岩,有机质含量较高,土壤肥力和通透性好,pH为4.8～5.5。外山产区以下蜀系成土母质分化而成的黄棕壤为主,土层虽厚,但质地较黏重;其次少部分沿河两岸及谷地多为冲积土类,即沙质壤土(乌沙土),土层深厚,肥力高,通透性好。

三、产区建制

六安是我国著名的古老茶区,自西汉以后,茶树由我国原产地云贵高原北移,沿川陕,经河南折东入淮南已有2 000多年的历史。六安名茶荟萃,品质优异,誉满中外,相继涌现如黄芽、小岘春、龙芽、银针、雀舌、瓜片、毛尖、黄大茶、绿大茶等历史名茶。现今的六安瓜片茶产区以安徽省六安市《关于界定六安瓜片茶国家地理标志产品保护范围的函》(六政秘〔2007〕121号)提出的地域范围为准,包括安徽省六安市裕安区石婆店镇、石板冲乡、独山镇、西河口乡、青山乡,金寨县响洪甸镇(今麻埠镇)、青山镇、燕子河镇、响齐办、天堂寨镇、古碑镇、张冲乡、油坊店乡、长岭乡、槐树湾乡、张畈乡,霍山县佛子岭镇、黑石渡镇、诸佛庵镇、磨子潭镇、漫水河镇、太阳乡、大化坪镇,金安区毛坦厂镇、东河口镇,舒城县晓天镇等5个区县26个乡镇现辖行政区域。优质六安瓜片主要分布于金寨县麻埠镇齐云冲、齐山顶、鲜花岭等地,以及裕安区西河口乡龙门冲、十八盘村,独山镇、石板冲乡及石婆店镇河家湾等多个乡镇。旧时麻埠已随响洪甸水库的建成而淹没消失,过去这里曾是六安瓜片的主要集散地。

四、制作演变

六安瓜片茶的创制历程,大概先是从收购的绿大茶中去芽去梗,专拣嫩片叶单独销售;后直接采回鲜叶,扳去芽、梗,单独炒制。六安瓜片采制技术是以绿大茶为基础,汲取兰花茶、毛尖茶制作技术之要领,按季节早迟、芽叶老嫩实行分级分制,逐渐创制而成。它在制茶器具和技术方面,仍有许多与绿大茶的相似之处。目前,瓜片产区大多是春茶制瓜片,夏茶仍然制绿大茶。旧时,根据采制季节,分成三个品类:谷雨前提采的称"提片",品质最优;其后采制的大宗产品称"瓜片";进入梅雨季节,鲜叶粗老,品质较差,称"梅片"。六安瓜片的形质在我国名茶中独树一帜、绝无仅有,其采摘、扳片、炒制、烘焙技术皆有独到之处,品质也别具一格。其产制历史虽仅为一百余年,但其技艺精湛、品质独特,规避了梗芽的生涩感,迥异于其他名茶。杀青整形的爆炒,拉老火的淬火,冷热的瞬间交替,冰火两重天的历练,造就了品质不俗的六安瓜片茶。六安瓜片传统的采制工艺有四个独特之处:一是摘茶等到"开面",即新梢长到一芽三叶或一芽四叶时开面,叶片生长基本成熟,内含物丰富,成茶香气高;二是鲜叶要扳片,采摘回来的鲜叶,经过摊晾、散热后进行手工扳片,将每一枝芽叶上的叶片与嫩芽、枝梗分开,嫩芽炒"银针",茶梗炒"针把",叶片分老、嫩片,炒制"瓜片";三是老嫩分开炒,炒片分生锅和熟锅,每次投鲜叶50～100克,生锅高温翻抖杀青,熟锅稍低温炒拍成形;四是炭火拉老火,炒后的湿坯茶经过毛火、小火、混堆、拣剔,再拉老火至足干。拉老火是片茶成形、显霜、发香的关键工序,堪称"一绝"。拉老火采用木炭做燃料,明火快烘,烘时由两人抬烘笼,上烘2～3秒钟翻一次,上下抬烘80～90次即成。拉老火时,"火光冲天,热浪滚滚,抬上抬下,以火攻茶",成了一道引人入胜的奇特景观。

等高条植茶园

第二章　三大名茶的制作技艺

手工制茶是一门工夫，身手步法，精妙绝伦。三大名茶均有精确的采制时间、精细的原料规格、精湛的制作技艺、优异的品质特征。

第一节
黄山毛峰茶

一、原料规格

黄山毛峰制作要以较为细嫩的芽叶为原料。受暖冬气候的影响,现在黄山毛峰开园采摘已由清明提前至春分前后。名优绿茶的鲜叶原料的品质取决于采摘时节、芽叶规格、机械组成。特级黄山毛峰的采摘标准为以早春的一芽一叶初展和一芽一叶为主,一级、二级黄山毛峰的采摘标准分别为以中春的一芽二叶初展和一芽二叶为主,三级黄山毛峰的采摘标准则为以谷雨前后的一芽二叶、一芽三叶为主。

黄山毛峰鲜叶原料分级如下所述:

特级原料:芽叶组成为芽长于叶,芽长不超过3厘米,以单芽和一芽一叶初展为主;一芽一叶初展占70%以上,一芽二叶初展占30%以下;感官标准为芽头肥壮,叶质柔软,匀齐,色绿,新鲜,净度好。

一级原料:芽与叶等长,芽长不超过3.5厘米,以一芽二叶初展为主;一芽一叶初展占20%以上,一芽二叶初展占70%以上;叶质柔软,叶面呈半展开状,匀齐,色绿,新鲜,净度好。

二级原料:以一芽二叶为主,一芽二叶占70%以上,一芽三叶初展占20%以上;叶质尚柔软,叶面呈半展开状,匀齐,色绿,新鲜,净度好。

三级原料:以一芽二叶、一芽三叶为主,一芽二叶占20%以上,一芽三叶初展及一芽三叶占80%以上;叶质稍硬,驻芽叶稍多,尚匀,色深绿,新鲜,净度稍好,稍含老叶。

二、手工制茶技艺

黄山毛峰的手工制茶流程包括摊青、杀青、揉捻、初烘、回潮、足烘六道工序。(图3-1)

黄山毛峰的传统手工制茶中的三道工序(谢裕大茶业　提供)

图3-1

1.摊青

鲜叶进厂后先进行拣剔,拣出不符合标准要求的梗、叶和茶果,剔除冻伤叶和病虫害叶,以保证芽叶质量匀净。然后,将不同嫩度的鲜叶分开摊青。摊青选在通风、阴凉、洁净的场所,采用晒垫、竹帘、竹匾等器具,摊叶厚5~7厘米,时间5~10小时,中途翻抖1~2次。摊青能促进鲜叶内含成分的水解作用,并保持芽叶的新鲜度,一般掌握在上午采、下午制,下午采、当夜制。

2.杀青

使用直径50厘米的桶锅,锅温要先高后低,区间150~130℃。每锅投叶量,特级200~250克,一级以下可增加到400~500克。鲜叶下锅后,听闻有炒芝麻声响即为温度适宜。以单手翻炒为主,手势要轻,翻炒要快(每分钟50~

60次),扬叶要高(叶子离开灶面约20厘米),撒得要开,捞得要净,使茶叶接触锅面受热均匀一致,不闷气、不焦叶,做到炒匀炒透。经过3~4分钟,芽叶质感变软、变黏,手捏成团、稍有刺感,叶面失去光泽,青气消失,茶香显露,即可起锅摊晾。

3.揉捻

特级原料在杀青达到适度时,继续在锅内抓带几下,起到轻揉和整形的作用。对一、二级原料,将冷却后的杀青叶放在揉匾上,双手轻握成团,一手贴匾轻轻推揉,另一手辅握拢团,左右手轮换揉叶,五六次后用手抖散,及时散热,避免闷黄。嫩芽叶应少揉、轻揉,较大芽叶可适当加力延时揉,做到揉捻成条、芽叶较完整、芽尖不损伤(枝不断、芽不碎、叶不破)。揉捻时,速度宜慢,压力宜轻,边揉边抖,以保持芽叶完整、色泽润绿。轻揉2~5分钟,使之稍卷曲成条即可。

4.初烘

初烘俗称"毛火",每只杀青锅配四只烘笼,火温先高后低,第一只烘笼烧明炭火,烘顶温度90℃左右,以后三只温度依次下降到80℃、70℃、60℃左右。毛火叶薄摊3厘米厚左右。出锅茶坯先在排前的火温较高的烘笼上烘焙,待又有茶叶出锅时,将前茶坯移至第二个烘笼上,以后依此类推,边烘边翻,按顺序移动烘焙。中间每隔3~5分钟翻动一次,手势要轻。大约经过30分钟,茶叶达到七成干,即可下烘笼摊晾。此时,茶叶含水率为15%~20%。初烘过程中翻叶要勤,摊叶要匀,操作要轻,火温要稳。

5.回潮

初烘结束后,茶叶放在竹匾中摊晾回潮30~60分钟,以促进叶片内水分重新平衡分布,避免因茶料外干内湿而造成茶叶急火或高火。

6.足烘

足烘俗称"足火",初烘叶达6~8烘时并为一烘,进行足烘。足烘温度60℃左右,毛火投叶量1.0~1.2千克,文火慢烘,中途翻拌,由前两次每次间隔15分钟延长至每20分钟一次,直至足干。拣剔去杂后,再复火一次,促进茶香透发;冷却后装袋入筒,封口贮存。成品茶最佳含水率为4%~5%,最佳贮存方式为冷藏保鲜,冷藏库温度5~8℃、除湿至RH70%左右,影响品质的敏感的气温区间为5月至10月的高温季节。

黄山毛峰茶的传统等级：产品分特级和一、二、三级。特级又分为上、中、下三等（现为特一、特二、特三），一、二、三级各分为两个等级。特级黄山毛峰茶的传统品质特点：形似雀舌、匀齐壮实、峰显毫露、色如象牙、鱼叶金黄，清香高长、汤色清亮、滋味鲜浓、醇厚回甘，叶底嫩黄绿匀亮、肥壮成朵。其中，"金黄片"和"象牙色"构成了特级黄山毛峰的鲜明特征。

三、手工制茶的器具

主要器具：青砖黏土石灰砌成的单灶单锅或单灶双锅，口径50厘米的铸铁制桶锅，竹制的揉匾、烘笼，以及竹帘、竹匾、晒垫、簸箕、棕把等。

第二节
太平猴魁茶

一、原料规格

太平猴魁茶的鲜叶采摘之考究、原料标准之严格、制茶技艺之高超，在我国名茶中可谓独树一帜，亦属魁首。从鲜叶采摘开始，质量要求就非常严格，首先要做到"四拣"，即拣山、拣棵、拣枝、拣尖。拣山即选高山背阴、土壤肥沃、茶树健壮的茶山；拣棵即选择生长旺盛的柿大茶品种的茶树；拣枝即选采挺直苗壮的嫩梢，不摘弱梢病枝；拣尖即将鲜叶置于拣板上，枝枝过拣。4月中旬，当茶园中有10%的芽叶达到一芽三叶初展时，开园采摘；立夏前结束，历时仅20天左右。采摘标准为一芽三叶或一芽四叶初展，采摘方式为留鱼叶、分批手工提采。每天的采摘时间是上午6时至10时，即清晨于雾中上山采茶，雾退即收工停采。采下的鲜叶要装在洁净、透气的竹篮中，不可闷压，并在阴凉处摊放于竹制大篾盘中；晴天气温高、空气干燥，鲜叶上还要盖拧干的湿布保湿降温。

二、手工制茶技艺

　　精湛考究的手工制作技艺,是形成太平猴魁茶独特品质的基本保证。手工技艺分为杀青、烘干两大单元、八道工序,其中,烘干与整形协同进行。手工制茶的工艺流程为拣尖、摊青、杀青、整形、子烘(头烘)、二烘(老烘)、三烘(打老火)、装箱(桶)。猴魁茶全程手工作业,投叶量较少,手势轻巧,还要适时调整火候,变换手法,使茶叶形成独特的扁直状,散发馥郁的兰花香。(图3-2至图3-5)

高山采茶
手工杀青
手工捏尖
立体摊青
手工整形
子烘

太平猴魁手工制茶的基本流程(猴坑茶业　提供)

图3-2

太平猴魁茶的手工制作技艺（丁勇　摄）

图3-3

太平猴魁茶的手工制作技艺（丁勇　摄）

图3-4

太平猴魁茶的手工制作技艺（丁勇　摄）

图3-5

1.拣尖

拣尖需掌握"八不要"原则,即对夹叶不要,芽叶过大过小不要,叶片全张开不要,瘦弱的不要,生长不健全的不要,有病虫为害状的不要,色淡、紫芽的不要,节间过长的不要。采回的鲜叶原料,不能堆积,应倒在拣板上进行拣尖,一枝枝地折去一芽二叶以外的梗和叶。鲜叶采摘标准为一芽三叶、一芽四叶,拣尖标准为一芽二叶,将枝条在一芽二叶基部1/3节间处折断,末端留约1厘米长的茎柄,拣出的一芽二叶的二叶尖同芽尖基本达到相平齐,俗称"三尖平",然后轻放在篾盘里,减轻人手对细嫩芽叶的损伤。无尖、过老芽头等不符合标准的芽头和拣剔出的嫩茎叶,另制魁片、魁托。猴魁鲜叶拣尖后芽叶长7~8厘米,1千克猴魁成品茶有6 000~7 000个芽叶。

2.摊青

对精挑细选出的猴魁原料必须进行摊青,以适度散发芽、叶、梗的部分水分,降低鲜叶细胞的张力,使叶茎由脆变软,尤其是改善嫩梗的理化性状,以便杀青匀透、不红变。不同地域或嫩度的鲜叶分开摊青,摊放场所要求清洁阴凉、空气流通,不受阳光直射。采用晒垫、竹帘、竹匾等器具,摊叶厚5~7厘米;或者鲜叶摊于竹匾,放置在立体的多层晾架上,摊放6~8小时,中途翻抖一次。鲜叶摊放程度以叶质由硬变软,开始失去光泽,青气减少,清香初显为宜,摊青促进了鲜叶内含成分的水解反应。空气干燥的晴天采下的鲜叶,由于气温较高、湿度较低,叶片易失水过快过多,摊青时间应适当缩短,以保持鲜叶的鲜活度,避免鲜叶出现萎凋状况。阴雨天采摘的鲜叶,摊青时间延长,将表面的水分晾干,否则干茶色泽发暗、品质下降。

3.杀青

太平猴魁采用手工锅式杀青。杀青锅体为平口深底铸铁锅,口面直径约50厘米,深约40厘米;炉灶则用砖与石灰水泥砌成灶台,锅口向上砌锅沿12厘米,灶台高80厘米,每灶两口或多口锅,事先将锅内磨光擦净。为确保火温稳定,多以木炭为燃料,锅温120 ℃左右,即手离锅底15厘米时,感觉烫手,下叶后有轻微的噼啪声,类似炒芝麻的响声。每锅投叶量70~80克,炒茶时单手将茶料沿锅边轻带入手掌,至锅口轻抖2~3下,再均匀散开落下,用手轻翻,先小幅翻炒,每分钟约30次;待叶温烫手冒热气时,翻炒速度增加,以散去发热湿气,但手在锅里扬起的高度不出锅面。翻炒动作要求"带得轻、捞得净、抖得开",茶叶不能在锅内打滚,要同一方向边炒边抖边理条,使叶片不散不翘,历时3~4分钟。炒至锅内听不到响声,叶质柔软,梗折不断,青气消失,茶香透露,叶色暗绿,叶缘稍脆,茶条理顺,便于后续整形,叶面略有白泡而不粘手为杀青适度。然后迅速将杀青叶薄摊于篾盘中,上下轻轻抖散,使茶叶伸直,散去部分水汽,随后立即整形上烘。应避免杀青过老、失水过多,否则后续的整形较难;若杀青过嫩、失水较少或外干内湿,茶汁外溢多,则易黏结、易氧化且褐变枯暗。炒3~5锅后,要清除杀青锅上的茶汁,保持锅内洁净光滑。

4.整形

太平猴魁茶传统制作中没有独立的整形工艺,主要在子烘工序中,烘干与做形协同交替进行。现今大多用双层网夹进行整形,利用热黏性将杀青叶一枝枝在筛网上理平理直,茶叶不折叠、不弯曲、不黏靠;上下两片筛网夹好后,用圆柱状木棍轻轻滚压,动作保持轻、快、稳、匀,以叶片平伏挺直即可,切不可过度重压或轻重失当。

5.子烘

太平猴魁烘焙分为子烘、二烘、三烘3道工序,子烘俗称"头烘"。

烘笼法:每锅配篾制烘笼4只,用炭火烘焙。子烘时,第一只烘笼的烘顶温度为100℃左右,余3只烘顶温度分别为90℃、80℃、70℃左右。第一锅杀青叶抖摊在烘顶上,并轻敲烘顶边缘,茶料因振动而自行滑散顺直。双手在茶叶上捺压一遍,力求茶叶平直。经烘2~3分钟,叠翻倒入第二只烘笼烘焙。用手辅助摊匀烘顶上的茶料,使之不致弯曲和折叠,趁叶质柔软,用手掌面按伏整形,再烘3分钟后叠翻倒入第三只烘笼上。继续用手摊匀、按伏,以进一步整形,按压程度视茶料柔软度掌握,软则重,硬则轻;烘4分钟后再叠翻倒入第四只烘笼。到第四只烘笼时,因叶片芽尖较脆,不需再捺,以免压碎茶叶,续烘3~4分钟,六七成干时下烘。子烘全程12分钟左右,倒入簸箕中摊晾回潮1小时,至茶叶冷却回软后再上二烘。

烘箱法:头烘温度100℃左右,每隔2分钟左右翻面上移,再烘9~12分钟,至七成干、叶片已有脆意、基本成形时,下烘拆夹,平伏地倒入篾盘中。头烘后进行摊晾,摊晾厚度约1.5厘米,摊放时间1小时左右,待茶料回软后,再上二烘。

6.二烘

二烘俗称"老烘"。

烘笼法：每只烘笼的盛叶量相当于子烘投叶量的5~6倍,约350克。倒茶后轻拍3~5次,茶叶落实后用手在烘笼上全面按伏一次,以达到平直。二烘的烘顶温度为60~70 ℃,每隔5分钟叠翻烘一次,经过5~6次叠翻烘,约25分钟至九成干(含水率10%~12%),嫩茎一折即断时下烘。二烘叶平伏装入篾篓,用暗劲轻轻压实按紧,上压大石块固形5~6小时,再进行三烘。

烘箱法：温度70 ℃左右,视箱屉大小不等,每屉投叶300~500克,每隔3~4分钟,翻面上移,历时约30分钟,下烘摊晾。二烘后将茶叶放在篾盘里摊晾6~8小时,使水分慢慢地重新分布均匀后,再进行三烘。

7.三烘

三烘俗称"打老火",是最后一次烘干处理,其主要目的是提高干茶的香气。"打老火"一定要用竹制烘笼进行烘焙,温度为80 ℃左右,比头烘低,比二烘高。每笼烘叶量为750~1 000克,每隔4~5分钟叠翻烘一次,切忌捺压,历时约30分钟,至茶叶足干、手捻成粉末时即可起烘,并趁热装入铁桶内,摇平按紧,待冷却后加盖,密封贮存。

8.装桶(箱)

一般每桶装20千克或每箱装10~15千克,传统茶桶材料为镀锌薄钢板(俗称白铁皮),桶内套铝箔袋,再衬垫箬叶(箬叶要用当年采摘、干燥的,不能用陈年箬叶),以提高猴魁香气。装桶时,下用棉垫、上用半圆形木板逐层捺实,直至装满。茶桶装满后,盖两层箬叶,放一张标签,再加盖密封。现多为纸箱盛装,内衬铝箔袋,装茶手法相似。

太平猴魁制作用工,拣尖后6人一组,一般杀青1人,理茶、捏尖4人,1人整形兼烘茶,每天每组也只能制3~4千克干茶,其做工之细、劳动强度之大可想而知。

产品加工完毕,进入仓库前,进行审评分等级。传统猴魁级别分为极品、特级、一级、二级、三级等五个级别。太平猴魁茶品质佳、价值高,须进行冷藏保鲜,以保持猴魁茶的特征品质。

三、手工制茶的器具

主要器具：青砖黏土石灰砌成的单灶单锅或单灶双锅，口径50厘米的铸铁制桶锅，竹制的揉匾、烘笼，木制的烘箱、网框（双层网夹），以及竹匾、簸箕、棕把、布巾、晒垫、竹帘等。（图3-6）

太平猴魁茶制作的器具（猴坑茶业　提供）

图3-6

第三节
六安瓜片茶

六安瓜片的采摘季节较其他名优绿茶迟10～15天，高山区则更迟一些，多在清明后、谷雨前进行。以采"开面"上端一芽三叶为宜,可略带少量的一芽四叶。第二道工序为摘片,将采来的鲜叶与茶梗分开,先摘下第三叶,再摘下第二叶,然后摘第一叶,最后将芽连同上部嫩梗与下部的粗枝或第四叶摘开,同时,分别盛装并做精细分级。与其他茶叶不同,瓜片的采摘极为讲究,只采摘较嫩的叶片,既不要芽也不要梗,一根枝条上最多只能采四五片。传统的六安瓜片采制过程分为采摘、扳片、炒生锅、炒熟锅、拉毛火、拉小火、拉老火等工序,其中最有特色的是拉老火。拉老火是最后一次烘焙,对形成六安瓜片茶特殊的色香味形影响最大。六安瓜片茶生产技术难度大、工艺复杂,特别是拉老火的技术,要掌握非一日之功。

一、原料规格

摘片法:这是目前瓜片生产中普遍采用的采摘方法。在六安茶区,每年3月中下旬,茶树经过越冬期后开始萌发新芽(鳞片展),继而鱼叶展,3月底一叶展,4月初达到二叶展。第一叶大多不采,因为长时间包着芽头,长出时就老了;而此时第二叶刚刚展开,叶面长度在2~3厘米,既积累了丰富的营养物质,又保证叶片的嫩度,正好采摘。同时,茶树经过一年的物质积累,新梢叶内含风味成分极为丰富。第二叶采摘后,隔1~2天,第三叶叶形初展时,即可采摘,依此类推。随着气温的升高,叶片的老化程度越来越快,在众多茶鲜叶中,以第二片为极品,最为华贵,传统上称其为"瓜片"。第一片叶称为"提片",第三和第四片叶称为"梅片",芽头称为"银针"。瓜片的黄金采摘期仅在清明至谷雨的10余天内。

扳片法:这是瓜片生产传统的采摘方法。以前采摘时,直接将长出的新梢芽叶枝条折断,采摘标准以一芽二叶、一芽三叶为主,求"壮"不求"嫩",茶农习惯上称之为"开面"采摘。鲜叶采回要及时扳片。采摘回来的鲜叶,经过摊青、散热,再进行手工扳片,将每一枝芽叶的叶片与嫩芽、枝梗分开,嫩芽炒"银针",茶梗炒"针把",叶片分老嫩,分别炒制"瓜片"。现在扳片工艺已经基本不用,取而代之的是摘片法,除能够减少人工外,且直接将分拣环节提前到采摘环节,这样可以尽量保证每片叶子的嫩度。

采茶时节的天气也很重要,雨水叶制的瓜片香低味涩。采茶需要手法细腻,把叶片轻轻摘下且不可使叶片受损,更不能折断枝条。一人一天采茶12小时,平均只能采2.5千克的鲜叶,即一个工人一天所采鲜叶只能制0.5千克茶。(图3-7至图3-9)

忙碌的采茶女工(徽六瓜片　提供)

—

图3-7

六安瓜片茶园采摘
的叶片原料(徽六瓜
片　提供)

—

图3-8

搬运新嫩叶片的老茶工(徽六瓜片　提供)

图3-9

二、手工制茶技艺

六安瓜片与其他绿茶相比,具有十分独特的传统制作工艺。其制作过程分为杀青(炒生锅、炒熟锅)、烘焙(拉毛火、拉小火、拉老火)两大单元五道基本工序(图3-10至图3-13)。

1.炒生锅

瓜片杀青分为炒生锅和炒熟锅,两锅连用,先炒生锅,后炒熟锅。炒茶锅的直径为70厘米或80厘米,锅台斜面有25°~35°。炒茶工具是一个用细竹丝或者高粱穗编成的"茶把子",俗称竹丝帚或节花帚。生锅温度100~120℃,投叶量100克,嫩片酌减,老叶稍增。鲜叶落锅若有如爆炒芝麻般的噼啪声,则为温度适合。若温度过高,容易焦叶焦边;若温度较低,则易夹生不透。要使每一片叶子都能接触到锅底,叶温能迅速上升到80℃以上,主要起到钝化酶活性的杀青作用。炒生锅时,炒把手心向上,托住把柄推动叶子在锅内不停地翻动,边旋转边挑抛。炒生锅1~2分钟,叶片开始发软变暗,炒至叶片变软、叶片的含水率降到60%左右时,将生锅叶直接扫入并排放置的熟锅内。

六安瓜片传统手工制茶的基本流程(徽六瓜片　提供)
－
图3-10

六安瓜片茶的手工
制作技艺(丁勇、雷
攀登　摄)
－
图3-11

毛火 小火

六安瓜片茶的手工制作技艺(丁勇、雷攀登　摄)

图3-12

六安瓜片传统拉老火的木炭窑(徽六瓜片　提供)

图3-13

2.炒熟锅

熟锅温度90～100℃,目的是整理、塑造茶形,边炒边拍,使叶子逐渐成为片状。用力大小视鲜叶嫩度不同而异,嫩叶要提炒轻翻,帚把放松,以保色保形。炒老叶则帚把要带紧,以轻拍成片。瓜片茶形似瓜子片,熟锅定形最重要,熟锅过程大约需要5分钟,炒至叶子基本定形,茶叶已变为暗绿色,含水率30%～35%即可出锅,进入干燥烘焙阶段。

3.拉毛火(毛火)

通常熟锅后的杀青叶经冷却,即应及时进行拉毛火。拉毛火用竹制烘笼、栗炭。烘笼形似一个宽檐礼帽,下有圆柱形的笼裙拢住炭热。每笼投叶约1.5

千克,嫩叶薄摊,老叶稍厚,2~3分钟翻动一次,翻茶时要均匀。烘顶温度100℃左右,烘到八九成干,含水量不超过20%;色泽由暗绿转为翠绿,叶片两侧边缘向后折起,形似细长的瓜子。拉毛火后的茶又称为"毛茶",毛火下烘后摊晾10小时以上。

4.拉小火(小火)

拉小火最迟在毛火后一天进行,烘笼温度120℃左右,每笼烘叶量2.0~2.5千克,仍然用竹制烘笼、栗炭,一个火摊两个烘笼倒换或两个火摊三个烘笼倒换。由一名茶师不停地用手轻轻翻摊,以免断碎。直到小火烘至九成干时,茶叶含水率降到10%左右,茶叶飘出清香味为止。"小火叶"存放3~5天,待叶片叶脉中的水分充分平衡,整片叶的含水量分布比较均匀后,再进行下一道工序。

5.拉老火(老火)

拉老火又称"走烘",是最后一次烘焙,对形成瓜片特殊的色、香、味、形及上霜影响极大。要用直径1.5米的大号烘笼,要求火温高、火势猛,烘笼温度为160~180℃。木炭先排齐挤紧,炭火堆烧旺烧匀,火焰有30~40厘米高。每笼投叶3~4千克,由二人抬烘笼在炭火上烘焙2~3秒,即抬下翻茶。依次抬上抬下,边烘边翻。为充分利用炭火,可2~3只烘笼轮流上烘。翻动一定要均匀,烘至茶叶宝绿带霜。走烘技术要领:抬笼要快、翻茶要匀、拍笼要准、脚步要稳、放笼要轻("五个要"),一般每笼要抬80次以上,历经80多道火功淬炼,直至叶片起白上霜为止。拉老火后的瓜片趁热装入铁筒,分层轻轻压紧,凉后加盖封口贮藏。

瓜片从摘片、杀青(炒生、熟锅)、毛火、小火到老火,每道工序都必须依赖人工操作和经验判断。按照正常的瓜片生产周期,从采摘到成品需要一个星期,由于干燥彻底,瓜片的制茶率相对较低,平均每2.25千克鲜叶制得0.5千克干茶。

三、制茶所用的器具

主要器具:直径70厘米或80厘米,30°左右斜面的双锅灶台,竹丝帚或节花帚,中号、较大号宽檐竹制的烘笼若干,火摊(炭盆)、木炭窑,竹帘、竹匾、晒

垫、簸箕、棕把等。(图3-14)

六安瓜片传统手工制茶的器具(丁勇、雷攀登 摄)

图3-14

第四章 名优绿茶的评价与鉴赏

『水为茶之母、器为茶之父。』名茶评鉴注重得其法、顺其理，审评方法坚持专业化，品饮方式倡导闲趣化。三大名茶具有独特的品质特性、品类特性、品饮特性。

第一节
名茶品质与品饮解析

名优绿茶的外形分为条形(轻揉)、朵形(自拢)、尖形(紧直)、针形(紧圆直)、扁炒形(扁平直)、扁烘形(扁紧直)、卷曲烘形(足烘)、颗粒炒形(炝干)、特形(片茶)等。名优绿茶的外形是在制茶过程中,通过一定的技术手段,使茶叶成形后再进行干燥,从而使茶叶形态固定下来。简而言之,茶叶的外形内质主要是通过机械力诱导的一系列物理化学作用所形成的。名优绿茶大多外形秀美,细嫩,色泽嫩黄绿间隐翠、显润,而且成品茶的大小、长短、形状基本一致,相对匀净、规则。

一、名优绿茶的品质特性

名茶之所以品质优异,关键在于拥有性状优良的茶树种质资源、得天独厚的优越自然环境、技术精湛的采摘制茶技艺。名茶产区培育出代谢产物丰富的优质鲜叶,再经茶叶加工的激发、诱导,充分发挥了鲜叶内含物质的品质特性,有效转化、形成了名茶的特征品质成分,构成了名茶香高、味醇、汤清、色润的风味特质。

1.名茶品质的基本构成

(1) 名茶形色

名优绿茶通常表现为干茶色泽翠绿、汤色碧绿、叶底嫩绿的"三绿"品质特性。高档细嫩名茶的绿色主要是由茶叶中的叶绿素所决定的,当经过高温热处理以后,鲜叶中以多酚氧化酶为主体的酶活性被钝化,抑制或终止了酶类对各种化学成分的催化作用,从而使鲜叶的叶绿素被固定下来,形成了绿茶的干茶色泽。叶绿素由深绿色的叶绿素 A 和黄绿色的叶绿素 B 组成。当芽叶幼嫩时,叶绿素 A 的比例相对较低,而叶绿素 B 的比例相对较高,因此茶叶呈现为黄绿色。同时,茶叶的采摘时间、产地及加工的工艺条件等,对绿茶色泽亦有影响,名优绿茶加工经高温透杀、适度做形,会有些许茶汁外溢,因而干茶色泽大多偏黄绿、有光泽。

(2) 名茶内质

因制茶工艺的差异,名优绿茶色泽评价以绿润为主,茶汤色泽评价以亮度为主。由于茶叶中的叶绿素不溶于水,只有极少量经过分解氧化的叶绿素溶于水中,因此,形成绿茶汤色的主要成分还是茶叶中的黄酮类物质。细嫩鲜叶的香气丰富,使得名茶香高而浓郁、沁人心脾。茶之香气是由茶叶中的多种芳香物质所形成的,而不同芳香物质的组合形成了不同的茶香茶韵。鲜叶固有的香气成分只有53种,干茶香气成分有300多种,一种香型并非是一种香气物质的反映,而往往是以几种香气物质为主,配合其他数十种微量香气物质所组成的。有些香气成分在制茶过程中产生,有些则在加工中因原有的香气物质产生了一系列变化而形成。品茶的香气体验通常包括茶汤香、叶底香、挂杯香,俗称"三香"。饮茶时舌尝滋味、鼻闻汤香,出汤后嗅叶底香,品茗后杯壁留香,让人爱不释手。名茶以其滋味鲜浓、醇厚回甘为特征,品尝时鲜醇、甘润,浓而不苦,醇而不淡,回味悠长。因为细嫩鲜叶中的游离氨基酸和黄烷醇类(儿茶素类)含量比较高,氨基酸的鲜甜加上简单儿茶素的醇和,使名茶达到了内含成分比例的高度协调。茶叶中的滋味是以茶叶中的化学成分为基础,由味觉器官反应而形成。茶叶中对味觉起作用的物质有茶多酚、氨基酸、咖啡因、还原糖等数十种,这些物质的物理和化学特性,使其在不同含量、不同比例组合时,表现出了不同茶类的滋味特征。茶汤的滋味则是人们的味觉器官对茶叶中可溶于水的呈味物质的一种综合反应,正如唐白居易诗中所云:"盛来有佳色,咽罢余芳气。"

2. 名茶贮藏中的品质变化

(1) 名茶之鲜

茶是风味型的纯天然植物饮料。名优绿茶以"新、鲜、活、嫩"为主要的品质特性。"新"是指绿茶极不适合年份概念的贮藏或陈化,陈年绿茶因茶多酚、脂肪酸等内含物质的自然氧化,香气滋味所呈现的风味口感度下降,因而市售的名优绿茶大多是当年的新茶;"鲜"是指春季生产的名优绿茶在炎热高温的夏秋季,大多需要存放在冷库中低温保鲜;"活"是指名优绿茶中的氨基酸、儿茶素、香气物质生化活性较强,自然氧化程度轻;"嫩"是指名优绿茶的原料大多芽叶细嫩、持嫩度佳。因此,名优绿茶品质表现为形秀色翠润泽、清香鲜活高长、滋味鲜醇回甘。原汁原味的绿茶,是最接近原料品质、自然纯真的茶类,宛如春天般的气息。

(2) 色泽之变

茶叶贮藏中,品质劣变的成因主要是其内含品质成分的氧化作用,茶叶的含水率(水分、吸湿)、感热量(环境温度、光辐射)是氧化的主要影响因素。茶叶贮藏过程注意避光、阻氧和保持低含水率,能使茶叶中的内含物氧化和劣变速度减慢。绿茶色素主要由脂溶性的叶绿素、类胡萝卜素和水溶性的花青素类、花黄素类物质组成。花青素类已形成靛青色的稳定色素化合物;花黄素类主要包括黄酮和黄酮醇及其苷类化合物,是绿茶汤色的物质基础,贮藏中易氧化,造成绿茶汤色和滋味的劣变。叶绿素是构成绿茶外观和叶底色泽的主要色素成分,叶绿素保留量是绿茶贮藏中品质变化指标之一。叶绿素很不稳定,经过脱镁、脱植基而生成脱镁和脱植基叶绿素,产物经氧化降解(光和温度引起的氧化裂解),生成一系列小分子水溶性无色物质,不仅影响干茶和叶底的色泽,而且对滋味的影响也较大。

(3) 味香之变

茶叶贮藏中,香气物质发生较大变化,茶香缓慢地解吸附,使部分香气物质散失;同时,伴随着不饱和脂肪酸自然氧化,形成大量有难闻气味的醛、酮和醇类挥发物质(如亚麻酸自然氧化产生的2,4-庚二烯醛),使绿茶原有的鲜爽香气丧失,陈味显露,这是绿茶贮藏后,香气不高和产生陈味的主要原因。绿茶新茶的清香物质大多以顺-3-己烯醇酯(如己酸酯、醋酸酯等)为代表成分,绿茶陈茶气味物质则以丙醛和1-戊烯-3-醇为代表成分,由此可鉴别新茶和陈茶。

绿茶滋味物质的变化,是其水浸出物综合作用于感官的结果。绿茶水浸出物主要包括水溶性的多酚类物质、咖啡碱(咖啡因)、氨基酸、脂肪酸、维生素C等,水浸出物总量在绿茶贮藏过程中呈下降趋势。多酚类物质是绿茶的主要内含物之一,茶多酚中儿茶素的组成及氧化聚合程度,不但直接影响着绿茶的汤色和滋味,而且间接地影响着其他化学成分的变化。绿茶贮藏中,环境条件影响多酚类含量变化,温度越高、包装内含氧量越高,茶多酚下降幅度越大。

绿茶中多酚类含量下降5%时,反映在品质上是滋味变淡,汤色变黄,香气变低;当下降到25%时,由于茶叶内含物有效成分大幅度下降,比例严重失调,茶叶基本失去原有的品质特点。绿茶贮藏中游离氨基酸变化:一年后略有降低,但组成和比例却发生了变化,占总量40%以上的茶氨酸在贮藏中降至一半,对茶叶品质起重要作用的谷氨酸、天门冬氨酸和精氨酸也大量氧化;增加的氨基酸来源于蛋白质水解,氨基酸增加并不能改善茶叶的滋味。脂肪酸是形成绿茶香气的重要基质,脂肪酸的氧化程度又间接地反映着绿茶的劣变程度。绿茶中不饱和脂肪酸自然氧化生成醛、酮、醇,是其贮藏期间品质劣变的主要原因之一。脂肪酸的自然氧化则受到水分、氧气、温度和光照的影响。茶叶中维生素C的含量为0.35～1.80毫克/克,维生素C作为氧化底物,对绿茶氧化劣变影响很大。维生素C保留量在80%以上时,品质变化较小;如果维生素C保留量降到60%以下,绿茶品质明显下降。

3. 名茶的保质保鲜

影响名优绿茶品质变化的环境因素,主要有环境温度、空气湿度、氧气、光照和卫生条件等。茶叶含水率的单分子层状态是脱水食品贮藏保鲜的最佳含水量,茶叶在单分子层状态含水率一般为4%～5%,由此建议名优绿茶贮藏时的最佳含水率控制在4%～5%。绿茶在较低温度(5～6℃)下贮藏1年,茶多酚含量仅减少1.53%,品质评分为86.7;在室温下茶多酚含量减少2.45%,品质评分仅为68.7。光照的光化学效应能造成脂类化合物的氧化,太阳光线使脂肪酸氧化生成反-2-链烯醛和庚醛,使香气变劣。氧气是绿茶贮藏中氧化劣变的基质之一,在与水分的共同作用下,可使绿茶中的多酚类物质、维生素C和不饱和脂肪酸氧化,从而使绿茶汤色变黄、变褐,失去鲜爽滋味,绿茶原有特征香气散失,陈味产生。

综上所述,冷藏保鲜几乎是名优绿茶保质保鲜的唯一选择。工厂的成品茶应该用大铝箔袋密封包装后放入纸箱内,移入冷藏保鲜库内储存。茶叶冷藏保鲜库有组合式冷库和固定式冷库,组合式冷库占地面积相对较小,可拆卸可组装,但库容积小。自建式冷库容积相对较大,其制冷设备选择余地大,适合大规模贮藏名优绿茶,但只能够固定使用。保鲜库制冷量根据库房面积而定,在相对湿度控制在65%左右的条件下,贮茶温度以控制在5～8℃为宜。名优绿茶冷藏中,库内外温湿度相差较大,从库内取出茶叶后,应待升至室温时方可拆袋,以避免空气中的水汽凝结而使茶叶受潮、陈化。使用家用冰箱(柜)保存茶叶,应将茶置于冷藏室存放,内袋须采用避光阻氧、热封性较佳的铝塑复合袋密封,并可保留茶听(罐)盛装,以避免因堆码挤压造成茶叶断碎。

二、名优绿茶的审评与品饮

1.名优绿茶的感官审评

茶叶感官审评主要是指审评人员利用自身的视觉、嗅觉、味觉、触觉等感官辨别能力,对茶叶的外形、汤色、香气、滋味与叶底等五项因子进行综合评价,并定义了500余条专用评茶术语。欲使评茶准确,除要求评茶人员技能高外,必须具备适应审评的设备设施、良好环境及评价标准,力求做到主客观条件一致。审评室大多坐南朝北,北向开窗,室内空气清新、整洁安静,室内的温度和湿度适宜。审评室墙壁为乳白色或浅灰色,天花板为白色或近白色,地面为浅灰色或较深灰色。室内以自然光为主,光线柔和、明亮,无阳光直射,无杂色反射光。

（1）审评设备

审评台分为干性审评台、湿性审评台,观察外形的干评台高度800～900毫米、宽度600～750毫米,台面为黑色亚光;开汤的湿评台高度750～800毫米、宽度450～500毫米,台面为白色亚光,审评台长度视实际需要而定。评茶的标准杯、碗要求为白色瓷质,大小、厚薄、色泽一致。杯呈圆柱形、具盖,盖上有一小孔,与杯柄相对的杯口上缘有锯齿形的滤茶口。用于审评茶叶外形的评茶盘由木板或胶合板制成,涂成白色,无气味;呈正方形,外围边长230毫米,边高33毫米,盘的一角开有缺口,缺口呈倒等腰梯形,上宽50毫米,下宽30毫米。叶底盘大多选用黑色叶底盘或杯盖,底盘为正方形,外径边长100毫米,边高15毫米。称量用具多用计量单位0.1克的托盘天平或电子秤;计时器选用定时钟或特制沙时计,精确到秒。

（2）审评内容

①审评要素:主要包括外观形状、嫩度、色泽、整碎度和净度;开汤后汤色的种类与色度、明暗度和清浊度等,香气的类型、浓度、纯度和持久性,滋味的浓淡、厚薄、醇涩、纯异和鲜钝等,叶底的嫩度、色泽、明暗度和匀整度。

②外形审评:将缩分的代表性茶样100~200克,置于评茶盘中,双手握住茶盘对角回旋筛转,使茶样按粗细、长短、大小、整碎顺序分层,并顺势收于评茶盘中间呈馒头形,观察上层(面张、上段)、中层(中段)、下层(下段)茶,通过翻动茶叶、调换位置,反复比较外形。茶叶老嫩是指芽及嫩叶的比例,芽头壮实、叶质厚实、茸毛多、长,条索紧结、显峰苗,则嫩度较好。

③内质审评:先取代表性茶样3克置于审评杯中,按茶水比1:50注满开水,加盖计时,绿茶冲泡时间为4分钟(柱形杯审评法)。依次等速滤出茶汤,留叶底于杯中,按汤色、香气、滋味、叶底的顺序逐项审评。内质审评中,观汤色应注意光线、评茶用具等的影响,可调换审评碗位置,观察茶汤呈现的颜色、亮度与清浊度。嗅香气时,一手持杯,一手持盖,靠近鼻孔,半开杯盖,嗅评杯中香气,每次持续2~3秒,随即合上杯盖,可反复1~2次。并且,热嗅(杯温约75℃)、温嗅(杯温约45℃)、冷嗅(杯温接近室温)结合进行。热嗅重点是辨别香气正常与否、香气类型及香气浓淡,温嗅能辨别香气的优次,冷嗅主要是确定香气的持久程度。尝滋味:用茶匙取适量(5毫升)茶汤倒于品茗杯,再入口内,适宜汤温50℃左右,通过吸吮使茶汤在口腔内循环打转,接触舌头等部位,再吐出茶汤或咽下。由于舌的不同部位对滋味的感觉不同,茶汤入口后,在舌上滚动才能正确地辨别滋味。评叶底时将叶张拌匀、铺开、揿平,观察叶底的嫩度、匀度和色泽的优次。

④赋分评价:茶叶感官审评一般通过上述五个项目的综合观察,才能正确评定品质优次和等级的高低。审评前对茶样进行分类、密码编号,审评人员进行盲评。根据评审知识与品质标准,按外形、汤色、香气、滋味和叶底"五因子",采用百分制,客观公正地进行评分、加注评语,按分数从高到低排序。名优绿茶的评分系数分别为外形25%、汤色10%、香气25%、滋味30%、叶底10%,并将单项因子的得分与该因子的评分系数(权重)相乘,即为该茶样审评的总得分。茶叶感官审评因其准确、全面、迅捷的优点,一直被视为评价茶叶品质的基本方法。虽然现今的理化检验已取得了较大的进展,但是茶叶感官品质与其级别和化学品质间尚未构建有效的线性关系,更没有仪器能够取代人的感官反应。

2.名优绿茶的品饮

2019年,全国茶园总面积约4 554万亩,开采面积约3 707万亩,全国干茶总产量约261.44万吨。其中,绿茶162.21万吨,占比62.05%;红茶32.35万吨;乌龙茶27.84万吨;黑茶(不含普洱)22.44万吨;普洱茶13.33万吨;白茶2.77万吨。并且,名优绿茶产量突破100万吨,占比38.3%,是我国消费区域最大、消费人群最广的茶类。

(1)泡茶器具

"水为茶之母,器为茶之父。"名茶品饮既要闻香尝味,又要赏茶观色。冲泡绿茶的常用茶具主要有茶杯、茶壶、盖碗,可选用无色、无花的透明玻璃杯,白瓷、青瓷、青花瓷的盖碗,以及保温透气聚香的紫砂壶。绿茶分饮需用公道杯和品茗杯,主要有白瓷杯、紫砂杯及便于观色的玻璃杯。选用泡茶器具主要考量是否得心应手、投茶所好、按己所需。不同材质的泡茶器具,有不同的泡茶效果和感受。紫砂壶具透气性,有利于对茶香的蕴化,能保持茶叶的芳香挥发物,这一点远优于其他茶器。白瓷壶(盖碗)的保温性和对绿茶色泽的映衬效果良好,保温性能优于玻璃,茶叶中有效成分容易浸出。玻璃壶(盖碗、杯)可以观察到名茶形、色在茶具内的变化,使名茶的美感尽现;自带茶滤的壶(杯),可以省去分离茶渣的程序;单层玻璃茶具宜选用带把的马克杯,以防止提握茶杯烫手;形体各异的两层隔热型玻璃茶杯已成为年轻消费群体的时尚追求。

(2)品饮方法

根据主泡茶具,可将品饮方法分为壶泡法和杯泡法两大类。壶泡法是在茶壶或盖碗中泡茶,然后用公道杯分斟到品茗杯(盏)中饮用;杯泡法是直接在茶杯(盖杯、无盖杯、马克杯)中泡茶并饮用。名茶冲泡主要包括量茶入器、煮水泡茶、闻香观色、斟茶品饮四个步骤,但茶和水的比例大小、冲泡时间的长短、泡茶水温的高低、水质的优劣,决定了品饮中茶香茶味的不同。

①壶泡法:绿茶的壶泡法(含盖碗泡)借鉴了工夫茶的泡茶器具和技艺,常用于饮茶群体间的品茗共享。名优绿茶冲泡应根据不同品类特点,掌握适宜的茶水比例、泡茶水温、浸泡时间(出汤)、冲泡频次。名优绿茶冲泡的茶水比例约为1∶50,壶泡法多采取"下投法",用90~95℃初开沸水冲泡,半加盖冲泡、出汤;水温低则茶叶浮而不沉、浸而不展,内含有效成分溶出率低,香气低闷及滋味寡淡。像紫砂壶和盖碗等容量较小的茶具,浸泡时间短则滋味淡,香气不高;浸泡时间长,则茶汤颜色过于浓重,滋味偏苦涩,香气变得涣散。以常

用的110毫升盖碗(三才杯)做参照,前两泡出汤时间掌控在120秒左右,之后较上一泡适度延长60秒,10余泡仍有香有味,这样可细品、体验每一泡茶中的滋味、香气变化,直至茶味较淡、叶底不透香。据测定,沸水泡茶先溶出的水浸出物以可溶性糖、维生素、氨基酸、香气挥发物为主,继而是咖啡因、茶多酚及其氧化产物的水浸出物含量逐渐增加,具体表现为前两泡香高味鲜,后几泡滋味浓醇。

②杯饮法:玻璃杯、白瓷杯适于泡饮细嫩的名优绿茶,便于充分品鉴杯中的茶形和亮绿的茶汤。马克杯、玻璃杯等大杯冲泡、不分饮的,下茶量以茶水比1:70为宜,少许量、多次泡,随意品饮。名茶杯饮采取"中投法"为宜,投叶后用90~95℃初开沸水注至容器1/3处,不加杯盖,以防止因高热集聚而导致闷黄、熟汤。静置1~2分钟,待叶身舒展(润茶、展叶)后,为闻香识茶的最佳期;接着注入80~85℃热水至七分满,再过1~2分钟,名茶下沉于杯底,嗅茶香、观茶色、尝茶味。名茶杯饮一泡香,二泡浓,三泡四泡味正醇,五泡六泡仍有味,视茶汤浓淡程度,饮至四五泡即可。大杯泡茶也可选备对应的茶杯(碗),浸泡后将茶汤倒入茶杯中饮用(茶、汤分离);自带茶滤的茶杯也有相似的效用,既便于茶汤快速散热达到50~60℃适宜饮用的温度,又避免长时间浸泡导致香气低闷、滋味浓涩、汤色黄浊。

名茶品饮无论是个人杯泡自饮,还是泡壶工夫茶斟酌群饮,只要得其法、顺其理即可。名茶品饮不能是机械性的花样定式,饮茶者应根据个人对名茶的理解和需求,保持高度的灵活性,并结合名茶的品类特点、茶具的材质特点、个人的喜好特点,在品饮过程中进行调整、优化,就一定能泡出自己喜欢的那一抹浓香醇味的真实。

(3)茶水之融

北宋蔡襄《茶录》中论述:"茶者水之神,水者茶之体;非真水莫显其神,非精茶曷窥其体;山顶泉清而轻,山下泉清而重,石中泉清而甘,沙中泉清而冽,土中泉淡而白;流于黄石为佳,泻出青石无用。流动者愈于安静,负阴者胜于向阳;真源无味,真水无香。"明代张大复《梅花草堂笔记》中云:"茶性必发于水,八分之茶,遇十分之水,茶亦十分矣。八分之水,试十分之茶,茶只八分耳。"从茶到杯中的茶汤,对于爱茶之人来说,每一步都值得精雕细琢,只有精茶与真水相融合,才是至高的享受,才是最美的境界。在茶与水的交融中,水的作用往往会超过茶,这不仅因为水是茶的色、香、味的载体,而且饮茶时,茶中各种风味物质的体现,愉悦快感的产生,无穷意韵的回味,都是通过水来实现的。如果水质欠佳,茶叶中的许多内含物质难以挥发,人们饮茶时既难闻到名茶的清香,又难尝到茶味的甘醇,还难看到茶汤的晶莹,也就失去了饮茶带来的物质、精神享受。因此,水和茶的自然本性是一致的、互相交融的。泡茶用水通常选用优质纯净水和经过净化处理的自来水。水的酸碱度为中性或微酸性,切勿用碱性水,以免茶汤深暗。杯饮冲泡次数一般掌握在4~5次,俗话说:"头道香,二道味,三道四道是精华。"在饮茶时,一般杯中茶汤基本喝尽后,再注入开水,这样才能保持较高的水温,从而使茶叶中的内含物质进一步溶释出来。

(4)名茶的品饮习俗

明代张源撰《茶录》一卷,全书约一千五百字,分为采茶、造茶、辨茶、藏茶、火候、汤辨和茶道等共二十三则。《茶录》的内容简明扼要,其中有许多作者对茶艺、烹饮的体会和心得。其中提出了"三投法":"投茶有序,毋失其宜。先茶后汤,曰下投;汤半下茶,复以汤满,曰中投;先汤后茶,曰上投。"

徽州盖碗茶的泡法:徽州人饮茶,有着浓郁的民俗风情,折射出徽州人淳朴的民风,展示了礼仪、孝道、慈爱,融合了亲情、乡情、友情和爱情,是宋、元以来延续至今的茶文化的杰出代表。徽州人喜爱喝茶,更讲究茶具,茶具是情趣的透视,茶具是习俗的展现,而盖碗杯则别具风情韵味。竹藤椅,盖碗茶,几方婉约,一种经典;静坐于其间,看茶烟聚散,见茶汤嫩绿。盖碗茶由来已久,是一种简单、传统的饮茶方法,盛于清代,并在当时的文人中风靡一时。盖碗茶有碗、有盖、有船,三位一体,各有其独特的功能;茶船即托碗的茶碟,以茶船托碗,既不会烫手,又不会烫桌面,且方便端茶;而茶盖有利于泡出茶香和嗅香,又可以刮去浮沫、调节浓淡。喝茶时不必揭盖,只需半张半合,这样茶叶既不入口,茶汤又可徐徐沁出;还便于看茶、闻茶、喝茶。盖碗杯的盖象征着天,盖碗的杯底(托)象征着地,而中间的碗则象征着人,寓意着"天、地、人合一",包含着古代哲人"天盖之,地载之,人育之"的人文思想。盖碗杯的造型和大小,还体现了智者关于"满招损,谦受益"的古训;盖小于杯,稳重;托盘有凹心,保险,还可收容溢水,免去尴尬。当我们用心品味黄山毛峰时,会不期然地发现这茶味茶香与徽州文化竟然在精神与品质上相通相融,仿佛天生地配,水乳交融!

第二节
三大名茶的品质与评鉴

一、黄山毛峰茶的品质与评鉴

1.黄山毛峰茶的品质特征

茶树品种以树形区分,以叶形为名。黄山毛峰当家品种为黄山大叶种,属灌木类、中叶种的偏大叶形,而非小乔木或半乔木类所指的大叶种。黄山毛峰产区山高林密、土壤肥沃、气候温润、降水充沛,经过长期的自然选择和人工栽培,形成了黄山大叶种芽头壮、叶形大、叶层厚、叶质嫩、节间长、树形较大、分枝较旺、树冠较密、生长势旺盛等种性特征。

传统特级黄山毛峰茶的特征品质为形似雀舌、泛象牙色、有金黄片。黄山毛峰核心产区地处高山,冬季、初春较寒冷,越冬芽早春萌动时,鳞片、鱼叶、茸毛紧裹着芽尖,气温低、生长缓慢,宛如雀舌。早春气温低、光合作用弱,从而泛象牙色,鱼叶初展采摘时,由于芽头与鱼叶裹挟紧结,采摘特级原料时只能带鱼叶一起采下,并且在加工过程中,鱼叶不易脱落,从而形成了特级黄山毛峰茶独有的金黄片(俗称芽镶金),金黄片本身对品质并无贡献,却是早春黄山毛峰头采茶原料珍贵、品质优异的象征。黄山毛峰茶外形秀美、细嫩扁曲,每片长约半寸(约1.7厘米),尖芽包裹于嫩叶之中,状如雀舌,尖芽上布满细细的毫毛,色泽黄绿亮润、绿泛微黄。特别是冲泡以后,芽叶竖直悬浮于水中,继之徐徐下沉,芽挺叶嫩,黄绿鲜亮,颇有观赏之趣。叶展后,水中的一芽一叶状如"一旗一枪",故有"轻如蝉翼,嫩似莲须"之誉。特级毛峰茶必须达到芽毫多、芽峰露的品质要求。

现今,按照《地理标志产品　黄山毛峰茶》(GB/T 19460—2008)的规定,黄山毛峰茶分为六个级别:特级一等、特级二等、特级三等、一级、二级、三级。各等级茶叶的感官指标见表4-1,其特级实物样见图4-1。

表4-1　黄山毛峰茶各等级茶叶的感官指标

级别	外形	内质			
		香气	汤色	滋味	叶底
特级一等	芽头肥壮,匀齐,形似雀舌,毫显,嫩绿泛象牙色,有金黄片	嫩香馥郁持久	嫩黄绿,清澈鲜亮	鲜醇回甘	嫩黄匀亮鲜活
特级二等	芽头较肥壮,较匀齐,形似雀舌,毫显,嫩绿润	嫩香高长	嫩黄绿,清澈明亮	鲜醇	嫩匀,嫩绿明亮
特级三等	芽头尚肥壮,较匀齐,毫显,嫩绿润	嫩香	嫩绿明亮	较鲜醇	较嫩匀,绿亮
一级	芽叶肥壮,较匀齐,毫显,绿润	清香	嫩绿亮	鲜醇	较嫩匀,黄绿亮
二级	芽叶较肥嫩,较匀整,毫显,条稍弯,绿润	清香	黄绿亮	醇厚	尚嫩匀,黄绿亮
三级	芽叶尚肥嫩,条略卷,尚匀,尚绿润	清香	黄绿尚亮	尚醇厚	尚匀,黄绿

黄山毛峰茶特级实物样(谢裕大茶业　提供)
图4-1

2.黄山毛峰茶的品类特性

绿茶品类根据干燥工艺的差异,大概分为烘青、炒青、半烘炒。其中,以热风烘干和静态烘焙为主要干燥工艺的称为烘青,以滚炒、锅炒为主要干燥工艺的称为炒青,以热做形、炒制及烘焙为做形干燥工艺的则称为半烘炒。绿茶根据品质与数量的差别,可分为大宗绿茶和名优绿茶。大宗绿茶主要包括内销的炒青和烘青,外销的眉茶和珠茶;名优绿茶根据外形品质的差异,又分为条形(黄山毛峰、庐山云雾、信阳毛尖、古丈毛尖)、尖形(汀溪兰香、黄花云尖、太湖翠竹、太平猴魁)、朵形(桐城小花、舒城兰花、岳西翠兰、午子仙毫)、扁烘形(敬亭绿雪、天柱剑毫、天华谷尖)、扁炒形(龙井茶、大方茶、湄潭翠芽)、卷曲形(碧螺春、涌溪火青)、颗粒形(松萝茶、金山时雨、羊岩勾青、丽水香茶、滴水香、天柱弦月)、针形(雨花茶、恩施玉露、新安银毫、得雨活茶、永川秀芽、狗牯脑茶)、片形(六安瓜片)等品类。名优绿茶的品类特性包括新、鲜、活、嫩、秀、润,"新"指不宜陈化,"鲜"指需低温保鲜,"活"指儿茶素等内含物生化活性强,"嫩"指芽叶细嫩,"秀"指外形秀美,"润"指色泽翠绿。黄山毛峰属烘青类的条形名优绿茶,特级黄山毛峰(特毛)、一级黄山毛峰(一毛)大多作为商品茶销售;二级毛峰茶(二毛)和三级毛峰茶(三毛,俗称"烘青")也可作为素坯窨制茉莉花茶或珠兰花茶,并于20世纪中叶诞生了驰名中外的"徽坯苏窨"。"徽坯苏窨"的核心内容是"徽州烘青+盆栽花和白兰打底+苏州窨制",是徽州、苏州两大历史文化名城自然环境与人文技艺融合的结晶。黄山毛峰茶须采摘较细嫩的原料,经高温透杀、适度揉捻、多道烘焙等工序制作而成,曾有"不揉不成峰"之说,由此可见,黄山毛峰制作中揉捻工序的重要性。揉捻属于冷做形,杀青叶在机械力的作用下形成条索状,茶汁外溢于叶面,随着茶叶表面汁液中水分的散发,可溶性固形物凝结于叶面,从而形成了黄山毛峰外形条索紧结、峰苗挺细、芽壮叶厚、绿润显毫,以及冲泡出汤快、滋味浓、香气高、毫香毫味突出的品类特性。黄山毛峰茶,顾名思义,黄山乃产地,毛峰是指"茸毛多、显峰苗"之意,更是包含了黄山毛峰茶"产地在高峰,外形似山峰,品质誉巅峰"的深刻内涵。由于黄山毛峰茶的市场美誉度和广泛影响力,"毛峰"几乎成了名优绿茶的代名词。简而述之,条索紧、芽头壮、茶毫显、叶质厚是黄山毛峰茶的品类辨识特征,并且,保持差异化、避免同质化,也是当前黄山毛峰乃至名优绿茶开发过程中值得关注的焦点问题。

3.黄山毛峰茶的品饮特点

吴觉农、范和钧在《中国茶业问题》中指出:"茶香为左右茶叶品质高低之重要因素。"黄山毛峰的香气取决于茶树品种、产区环境、采制技艺,故有品种香、地域香、工艺香之说。黄山毛峰茶大多芽峰显露、芽毫多者为上品,芽峰藏匿、芽毫少者则次之。黄山毛峰冲泡出汤后,首先观其汤色,避免热汤中多酚类水浸出物氧化变色,凡属上乘的茶叶,汤色浅绿或黄绿,且清澈明亮、清而不浊。再将茶杯连叶底一起送入鼻端进行嗅香,凡清香馥郁、高长持久,使人有心旷神怡之感者,就可算得上好茶。

黄山毛峰属于细嫩的名优绿茶,大多选用玻璃杯或白瓷杯品饮,而且短时盖泡、半盖透汽或无须加盖,以防止杯中茶水散热慢、水温长时高,导致嫩茶闷熟,失去高档绿茶鲜活的色香味。另外,玻璃杯或白瓷杯可增加茶汤的透明度,便于饮茶者赏茶观色。而二、三级的毛峰茶也可选用壶泡法分饮,或饮茶清谈,或佐食点心,或畅叙情谊,可理解为"嫩茶杯泡,叶茶壶泡"。冲泡时,先将待用的茶具用开水洗净、沥干;继而将适量的黄山毛峰置于茶荷或茶盘中欣赏,让品饮者先欣赏干茶的色、形,充分领略名茶的天然风韵。名茶冲泡下投快冲,上投润冲,中投缓冲,并因茶、因水、因时、因人而异,身骨重实用上投,大叶朵形用下投,紧细形展用中投;而寒天拥炉时下投,酷暑枕凉时上投,春秋爽心时中投。黄山毛峰冲泡大多采用下投法或中投法,先取茶置入杯中,再将90～95℃的沸水冲入杯中达七分满,茶叶便会徐徐展开。在冲泡毛峰茶的过程中,品饮者可以观赏茶的展姿,茶汤的变化,茶烟的弥散,以及最终茶与汤的交融,领略茶的天然风姿。一般多以闻香为先导,再品茶啜味,以评鉴出茶的真味。黄山毛峰茶的杯饮冲泡,一般以3～4次为宜,少量多泡,是最科学的个人品饮方式。

二、太平猴魁茶的品质与评鉴

1.太平猴魁茶的品质特征

太平猴魁茶外形两叶抱芽、扁平挺直、自然舒展、白毫隐伏,有"猴魁两头尖,不散不翘不卷边"的美誉。叶色苍绿匀润,叶脉绿中隐红,俗称"红丝线";香气如兰鲜灵,滋味醇厚回甘,汤色清绿明澈,叶底嫩绿匀亮,芽叶成朵肥壮。太平猴魁茶全身披白毫,含而不露,入杯冲泡,芽叶成朵,或悬或沉,色、香、味、形皆独具一格。品其味则幽香扑鼻,醇厚爽口,回味无穷,具有"头泡香高,二泡味浓,三泡四泡幽香犹存"的品质特点。太平猴魁茶的叶主脉呈猪肝色,宛如橄榄;入杯冲泡,芽叶徐徐展开,舒放成朵。太平猴魁茶按传统分法:猴魁为上品,魁尖次之,再次为贡尖、天尖、地尖、人尖、和尖、元尖、弯尖等。

现今,按照《地理标志产品　太平猴魁茶》(GB/T 19698—2008)的规定,太平猴魁茶分为五个级:极品、特级、一级、二级、三级,其各等级茶叶的感官指标见表4-2,其极品和特级实物样见图4-2至图4-4。

表4-2　太平猴魁茶各等级茶叶的感官指标

级别	外形	内质			
		香气	汤色	滋味	叶底
极品	扁展挺直,魁伟壮实,两叶抱一芽,匀齐,毫多不显,苍绿匀润,部分主脉暗红	鲜灵高爽,有持久兰花香	嫩绿明亮	滋味鲜爽醇厚,回味甘甜,独具"猴韵"	嫩匀肥壮,成朵,嫩黄绿鲜亮
特级	扁平壮实,两叶抱一芽,匀齐,毫多不显,苍绿匀润,部分主脉暗红	鲜嫩清高,兰花香较长	嫩绿明亮	鲜爽醇厚,回味甘甜,有"猴韵"	嫩匀肥厚,成朵,嫩黄绿匀亮
一级	扁平重实,两叶抱一芽,匀整,毫隐不显,苍绿较匀润,部分主脉暗红	清高	嫩黄绿明亮	鲜爽回甘	嫩匀成朵,黄绿明亮
二级	扁平,两叶抱一芽,少量单片,尚匀整,毫不显,绿润	尚清高	黄绿明亮	醇厚甘甜	尚嫩匀,成朵,少量单片,黄绿明亮
三级	两叶抱一芽,少数翘散,少量断碎,有毫,欠匀整,尚绿润	清香纯正	黄绿尚明亮	醇厚	尚嫩欠匀,成朵,少量断碎,黄绿亮

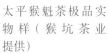

太平猴魁茶极品实物样(猴坑茶业提供)

图4-2

太平猴魁茶特级实物样
（猴坑茶业　提供）
—
图4-3

第二届中国国际茶叶博览会金奖产品太平猴魁茶送评样(猴坑茶业　提供)
—
图4-4

2.太平猴魁茶的品类特性

太平猴魁属于烘青类的尖形名优绿茶。尖形绿茶亦称兰花形绿茶,自然舒展呈兰花形,在制作过程中,高温杀青后不进行揉捻作业,而是以茶芽、梗为主轴,叶条并拢、理成顺直,稍加整形即进行烘焙干燥。尖形绿茶在安徽主要分布于源起黟县、太平(今黄山区),流经旌德、泾县、宁国、宣州等地的青弋江流域。传统的太平猴魁须在产区挑选采摘芽叶肥壮的一芽三叶,拣尖为4~5厘米长的一芽二叶,并且,定形、整形工艺在烘笼上完成(整形、子烘二合一)。现今的太平猴魁茶园采用树形树冠定向培育、土肥栽培配套的种植模式,茶树生长势旺盛,枝繁叶茂、芽壮叶长,大多采摘符合规格要求的一芽四叶,拣尖为7~8厘米长的一芽三叶,杀青叶需经过独立的手工捏尖、筛框压扁的工序,并在烘箱中完成固型、干燥至七八成干(子烘),后进行老烘、打老火作业。并且,在猴魁茶生产、包装、储运、取用等各个环节,芽叶必须保持良好的完整性,才能保证太平猴魁茶冲泡中直立齐整的自然舒展形态。太平猴魁茶具有芽叶尖削、叶抱毫芽、扁直平长、叶质干脆、叶印网格、三尖平齐、苍绿隐翠等品类特性。珍稀的品种资源、独特的生态环境、精湛的手工技艺,形成了太平猴魁优异的风味品质。太平猴魁国家标准的颁布实施、多重产区的界定划分、核心产区的保护利用,则是太平猴魁茶产业高效健康发展的基石。由于太平猴魁茶外形的高辨识度和品质的独特性,在竞争异常激烈的名优茶市场独树一帜、独领风骚,"太平猴魁"几乎成了高档绿茶的象征,并造就了茶业界现象级的特种名茶开发案例,在名优绿茶同质化日趋严重的大背景下,独占性的名茶品类研发具有强大的市场生命力。

3.太平猴魁茶的品饮特点

(1)猴魁的冲泡

太平猴魁茶芽壮、叶厚、枝长,内含物质丰富,品饮时先要备具、备茶、备水,需经沸水冲泡,才能将太平猴魁茶固有的色、香、味充分发挥出来。通常选用玻璃杯、白瓷杯冲泡,尤以玻璃杯为佳,便于衬托碧绿的茶汤和茶叶。玻璃杯冲泡太平猴魁茶,茶汤的色泽透亮,芽叶朵朵,在提壶高冲过程中上下浮动,叶片逐渐舒展、亭亭玉立、一目了然,别有情趣,是一种动态的艺术欣赏。当前,太平猴魁泡茶用具大多选择双层隔热的柱形玻璃杯(杯高16厘米、内径6厘米)。猴魁冲泡的手法很有讲究,取出3~4克茶叶投入杯中,并将茶叶的基部朝下放置,注入适量90~95℃的初沸水,第一次冲泡注水半杯浸润茶叶,待1分钟后茶叶大致在水中慢慢舒展,可吸嗅茶香。第二次加90~95℃初沸水,至离杯沿1~2厘米处(七八成满),茶与水之比为1:(50~60)。冲泡2~3分钟后,茶中的内含成分溶出率为30%~40%,茶汤温度降至60℃左右,香气表现优,口感风味佳,此时饮茶较好。冲泡注水,每泡间隔2~3分钟,加水3~4次,趁热饮用。泡饮用时一般不超过1小时,久泡则茶的口感风味不佳。水温高、茶叶嫩、茶量多,则冲泡时间可短些;反之,时间应长些。

(2)猴魁的品鉴

①外形:太平猴魁扁平挺直,魁伟重实,芽叶长7~8厘米,独特的自然环境造就了一芽二叶绝佳的持嫩性。冲泡后,芽叶成朵,仿佛含苞欲放的白兰花。太平猴魁属扁形的特种绿茶,若茶条特扁特薄,或两枝以上茶条叠压成形,则不是正宗的太平猴魁茶。品质好的猴魁茶外形长扁,茶条身骨饱满,叶质肥厚重实,不干瘪瘦薄,手掂有沉重感,丢进盘中有响声。

②色泽:太平猴魁苍绿匀润,阴暗处绿得发乌,正常光线下绿得润泽,无微黄现象。"苍绿"为深绿色,是高档猴魁的特有色泽;"匀润"是指茶条深绿有光泽,色度较匀,不花杂、不干枯。冲泡之后,猴魁的茶汤清澈、透明度佳,汤色较稳定,不易被氧化而发黄发红。

③香气:香气高爽持久。太平猴魁比一般的地方名茶更耐泡,"三泡四泡味香犹存";高档猴魁有诱人的兰花香,冷嗅时仍香气高爽,持久性强。

④滋味:太平猴魁滋味鲜爽醇厚,回味甘爽,不苦不涩,独具"猴韵",人云"甘香如兰,幽而不冽,啜之淡然,似乎无味"。

三、六安瓜片茶的品质与评鉴

1.六安瓜片茶的品质特征

六安瓜片茶外形平展,叶缘微翘,色泽宝绿带霜,香气清高,滋味鲜醇,回味甘美,汤色清澈晶亮,叶底嫩绿。"显白霜""挂霜色"是六安瓜片茶独有的品质现象,通过高温炭烘再加上特殊的"拉老火"环节,使得茶原料在高温下激发,蒸发出的水分中裹挟着大量的内含物质,水分散发之后,析出的茶汁残留物在干茶表面形成"白霜色"。"拉老火"火功掌握得越好,霜色显现越好,茶香茶味越足。六安瓜片茶在中国名茶中独树一帜,常规的名优绿茶大多是追求芽叶的嫩度,单芽或一芽一二叶初展,六安瓜片则与众不同,只采叶片,并用单片鲜叶制成,绝无仅有,成为世界茶类中唯一无芽无梗的茶叶。六安瓜片去芽、去梗、选叶,口感风味更纯、更浓、更醇、更香、更透。

茶树新梢上每片叶子的长出是有先后的,过去的做法是待新梢的鲜嫩叶片大部分长出后,将芽与叶一同采下,回到车间再将芽、叶、梗分类。而现在当第一片叶子长出来后,采茶工便先将其采下,这样第二片叶子能长得更快,其余叶片依次进行采摘。传统扳片的顶芽制品叫"银针",第一叶、第二叶制品称"瓜片",第三叶、第四叶制品称"梅片",嫩茎制品称"针把"(属副茶)。古时六安瓜片根据原料的不同,分为"提片""瓜片"和"梅片"三级。"提片"是用最好的芽叶制成的,其质量最优;而"瓜片"排第二,"梅片"排第三。传统的六安瓜片等级分为"名片"和"瓜片"四级,共五个级别。其中"名片"只限于齐头山附近茶园出产的,品质最佳。"瓜片"根据产地的海拔不同,又分为内山瓜片和外山瓜片,内山瓜片的质量要优于外山瓜片。旧时的六安瓜片茶等级具体分为极品、精品、通品,通品则包括一级、二级、三级。

现今,按照《地理标志产品　六安瓜片茶》(DB/T 237—2017)的规定,六安瓜片分为六个级别:精品、特一、特二、一级、二级、三级,其各等级茶叶的感官指标见表4-3,实物样见图4-5。

表4-3　六安瓜片茶各等级茶叶的感官指标

级别	外形	内质			
		香气	汤色	滋味	叶底
精品	瓜子形,背卷顺直,扁而平伏,匀齐,宝绿上霜,无漂叶	花香,高长	鲜爽,醇厚,回甘	嫩绿,清澈,明亮	柔嫩,黄绿,鲜活,匀齐
特一	瓜子形,背卷顺直,扁而平伏,匀整,宝绿上霜,无漂叶	清香,持久	嫩绿,清澈,明亮	鲜醇,爽口,回甘	嫩绿,匀整,鲜亮
特二	瓜子形,顺直,较匀整,宝绿上霜	清香,尚持久	黄绿,明亮	醇厚,回甘	尚嫩绿,匀整,明亮
一级	瓜子形或条形,尚匀整,色绿上霜	栗香,持久	黄绿,明亮	浓厚	黄绿,明亮
二级	瓜子形或条形,尚匀整,色绿有霜,略有漂叶	栗香,尚持久	黄绿,尚亮	浓醇	黄绿,尚匀整
三级	瓜子形或条形,有霜,粗老有漂叶	纯正	黄绿	较醇正,尚浓,微涩	绿,欠明

六安瓜片茶的实物样（徽六瓜片　提供）

—

图4-5

2.六安瓜片茶的品类特性

六安瓜片属于烘青类的片形名优绿茶,是唯一无芽无梗、只由单片鲜叶制成的品类。成品茶外形呈瓜子形、单片状,叶背卷直,平伏略扁,宝绿带霜,具有卓尔不群的品类特性。生锅杀青、熟锅整形,高温透杀,无湿汽积聚,只靠锅体直接导热、帚把快速翻炒,多酚氧化酶超高温瞬时钝化、内含物迅速固定,整个生锅、熟锅工序一气呵成,出锅已有六七成干;接续进行的烘干工序,毛火、小火、老火温度渐进增高,翻拌频率加快,完全有别于其他绿茶品类,从而形成了六安瓜片茶独特的风味品质。六安瓜片是制茶工艺最为复杂的名优绿茶之一,要经过很多道看似简单、却需较高技艺掌控的工序,而且现今高档瓜片茶依然保持着传统的制作技艺,不因复杂而敷衍,不因精细而懈怠,通过对烘焙火功的极致运筹与拿捏,激发出奇特的香气和韵味。叶片不像嫩芽娇弱,在杀青过程中,温度和力度都要远远胜于后者,炒锅达到160 ℃以上的高温,人手难以胜任,便只能借用高粱穗和节花帚作为翻炒工具,边炒边拍。尤其是最关键的一道工序"拉老火",整个过程只能用"壮观"来形容:两个工人将烘笼在炭火上抬上抬下,这样的动作要持续100余次;与此同时,茶叶的香味会逐渐溢满厂房。如果说西湖龙井和碧螺春是早春之香,那么时节稍晚的六安瓜片便是仲春之味。前者意在争春,后者则饱含着对春天的深情厚谊。

3.六安瓜片茶的品饮特点

六安瓜片作为名优绿茶,玻璃茶具和陶瓷茶具都是适合冲泡的器具,建议采用盖碗或茶杯冲泡。六安瓜片是片形茶,茶叶体积稍大,所以适合用碗身稍大些的盖碗来冲泡。六安瓜片一般采用两次冲泡的方法,热水温杯后,视器具容量投茶3克或茶水比1∶60,采用90~95 ℃的初沸水,沿杯壁缓缓注入1/3水量,拿起杯子轻摇,让茶叶在水里充分浸润,即刻闻香,此时是香气散发最佳时期;1.5分钟后注水至七八分满,再稍等片刻,1~2分钟后便可品尝茶汤。干茶经沸水发汤后,先浮于上层,随着叶片的开汤,叶片自上而下陆续下沉至杯底,原来的条状展开为片状,叶片大小近同,片片叠加。续水的时候使用不留根法,就是无论用玻璃杯还是盖碗,品饮瓜片时需要基本饮尽,再行续水,以使加水后能达到较高的水温,使茶叶的内含物质快速、大量溶释,使多次冲泡的茶汤仍鲜爽甘醇。六安瓜片是含水率很低的茶,游离水的散发、结合水的激发,使得六安瓜片达到了至深至骨的纯粹。取一小撮六安瓜片放到茶杯里面,一片片看似简单的微微卷曲的叶子,没有芽,没有梗,清清爽爽,在滚烫的开水中,卷曲的叶子苏醒过来,征服了喜茶人的味蕾。(图4-6)

六安瓜片茶的品饮(徽六瓜片　提供)

图4-6

第五章 三大名茶的文化与艺术

茶是一部历史，壶中乾坤，一叶知秋；茶是一段旅程，劈柴喂马，诗和远方；茶是一种人生，沉浮冷暖，苦涩回甘；茶是一种态度，草木人生，道法自然；茶是一种变化，斗转星移，岁月鎏金。

第一节
名茶文化历史

一、徽州的茶商茶号

1. 茶商世家

清道光年间,绩溪龙川胡氏家族诞生了一个茶商世家"胡源泰"茶号。从绩溪人胡沇源于清道光二十二年(1842年)在东台学徒习商起,至胡增钰于1978年去世,胡氏祖孙四代经营茶业,发端于东台,兴盛于泰州,历经136年,嫡传胡沇源、胡树铭、胡炳衡、胡增钰四代。先后开设茶庄、茶栈12家,其中有靖江、姜堰、上海等多家茶庄,还有杭州、淳安等地的茶栈。百年老店"胡源泰"茶庄于1956年公私合营时期,被划归泰州当地的供销合作社,公私合营后,胡炳衡之孙胡锦绥仍在店里负责茶叶经营工作,直到退休。"胡源泰"茶号为徽商徽茶的历史长卷增添了浓墨重彩的一页。近代著名学者胡适先生高祖创办的胡万和茶庄,坐落在上海东郊的川沙县,当地有"先有胡万和,后有川沙县"之说。川沙的胡万和茶庄是胡适成长居住之地,他的求学费用也由胡万和茶庄提供。清末时期,歙东南芳坑曾出过遐迩闻名的徽商江有科、江文缵父子,他们在家乡开设"江祥泰"茶号,收购原料加工后,运往广州售予外商。生意最为兴隆的道光中期,仅茶号就有"永盛怡记""张鼎盛""德裕隆""福生和""谦顺昌""谦泰恒""永义公"等多个。歙县昌溪茶商的杰出代表当属吴炽甫,他开设的茶庄多在北京,主要有西单北大街的恒瑞、存瑞,东四北大街的星聚,西四北大街的源成,菜市口大街的德润,地安门外的肇祥等,都是较有名的茶庄;此外还有张家口的德祥、宣化的德裕等茶庄。清光绪年间,歙南岔口有位人称"徽州茶叶大王"的吴荣寿,他凭过硬的制茶功夫和诚信灵活的经营手段,先后在屯溪老街、阳湖等处建起吴怡和、吴怡春、吴永源、华胜、公兴等茶号,鼎盛时期年营制"屯绿"两万多担,几乎占了当时"屯绿"的半壁江山,为当时徽州最大的外销茶商。

2. 老号之源

北京"吴裕泰"茶号始创于清光绪十三年(1887年),自徽州歙县人吴锡卿创号开始,至今已有130余年的历史,最初是为北京的吴氏家族茶庄进储茶叶而建的。当时吴氏家资殷富,在北京已开设多家茶庄,有朝外大街的吴德利茶庄,广安门内大街的协利茶庄,西单北大街的吴新昌茶庄,崇文门大街的吴鼎裕茶庄,崇文门内的信大茶庄,通县城内的干泰聚茶庄、福盛茶庄等。歙东定潭村是产茶胜地,业茶者众,如今坐落在北京前门大栅栏的"张一元"茶庄就是该村张文卿于清光绪年间创建的。张文卿曾于清光绪二十六年(1900年)在花市大街首开张玉元茶庄;8年后在前外观音寺路以"一元复始,万象更新"之意,开设"张一元"茶庄;民国二年(1912年)再在大栅栏开设张一元文记茶庄。如今的"吴裕泰"和"张一元"已成为驰名中外的"中华老字号",集全国名优茶产品于一店,经营的品类有数百种,并已成为中国茶业界的标杆性名店。昔日显赫的徽州茶商,今日雄风犹在且更胜一筹。曾享有盛名的上海汪裕泰茶庄(现上海茶叶有限公司前身),是徽州绩溪上庄余川人汪立政于清道光二十七年(1847年)创建的,茶庄设在上海老北门外大街。汪立政祖孙三代历时120年,先后在上海等地开设了汪裕泰茶庄(南号、北号)等茶行、茶栈20余家,1949年以后,汪裕泰茶庄通过公私合营,组建中茶公司上海茶叶公司。

3. 辉煌之巅

清乾隆年间(约1770年),上海的鸿怡泰、鸿顺泰均是徽州人开设的著名茶庄。北京有徽州人开设的茶行7家,各种茶庄166家,其中歙县人吴景华、吴永祥等均为显赫巨富。在南方的城镇中,徽州人开设的茶庄更为普遍,清道光、咸丰年间,徽州婺源(今江西婺源)人詹天佑的祖父詹世鸾、父亲詹兴藩就在广州经营过茶庄。除大城市外,徽州人在小城镇开设的茶庄更是不计其数,如马克思《资本论》中唯一提到的中国人王茂荫,其祖父王槐康就在北京通县开设森盛茶庄。黄山的谢裕大茶庄、箬村的鲍怡和茶庄以及南乡的吴馨记茶庄,相继称雄于上海、东北等地。清光绪三十四年(1908年),苏州茶叶同业公会入会有46户,其中歙县人占40户。清朝后期,在南京镇江、扬州等地,由太平人开设的茶店不少于百家,年销太平茶两万余担,其中较出名的茶庄有江南春、张元太、太平春、通达、广大等;在杭州,由徽州人经营的茶店近50家;苏州吴县茶叶同业公会主席、委员共计16人,全为歙县人。

据休宁县外销茶同业公会登记,民国三十七年(1948年)屯溪共有茶号37家,其中销量最高的有3 000箱,量少的有100余箱。据新编《歙县志》载,清同治年间,仅漕溪、蕃村、芳坑等地就有大茶号8家,时称"八大名家"。歙县深渡有洪隆、于隆、恒裕昌、义和祥、裕和祥、义泰等6家规模较大的茶号,至民国十四年(1925年)发展到40余家。到20世纪30年代初,歙县茶号发展到120余家,年出口量在1 500吨以上。据民国二十二年(1933年)上海商检局调查:"屯溪绿茶之号,大者制茶八九千箱,小者亦有千箱上下。"茶栈是专门从事茶叶外销的中介商行,向茶号收茶,选外商(洋行)售茶,徽帮茶栈的主营业务为放贷和代售。歙县知县何润生在《茶务条陈》中称:"徽茶运申,素投茶栈转售西商。此栈并不储茶,专为代客买卖。"在杭州经营茶叶的徽商更多,徽茶走水路运上海,杭州是必经之地。绩溪城西章特英供职于杭州公顺、德茂茶行,民国二十年(1931年),章氏于杭城湖墅独资开办福茂茶庄;至民国三十三年(1944年),在杭州、金华共开设茶号6家、茶栈7处。芜湖是徽茶运销长江流域的重要通道,素有"江南茶市"之称。徽州到芜湖的商路,由歙县入绩溪后,一路越丛山关至宣城转芜湖,另一路沿旌德三溪以下的青弋江支流顺水筏运。明清时,徽州茶商的活动范围,正如《歙县闲谈》所述:"北达燕京,南极广粤,足迹遍宇内,徽(州)、六(安)名茶产销之业绩,徽州商帮功不可没。"

二、三大名茶的文化历史

1.黄山毛峰的文化历史

(1)茶商名家

黄山毛峰茶出自歙县,由歙西北漕溪(今属徽州区)人谢正安创制。谢正安生于清道光十八年(1838年),幼时家境比较富裕;清咸丰年间受太平天国运动的影响,"家业为之荡尽",谢氏带领家人到十八里(1里=500米)外的充头源租山种茶度日。同治初年(1862年),他在茶栈帮工学得一些业茶经验后,便回到漕溪自立门户,挂秤收茶,并在上海创建谢裕大茶行。清光绪元年(1875年),谢正安创制的毛峰茶投放上海,被抢购一空,于是开始大批量生产,黄山毛峰名扬整个上海滩。再后来毛峰的制作工艺便传遍整个黄山南麓,被正式命名为"黄山毛峰"。晚清洋务重臣张之洞欣赏谢裕大茶行的信誉,亲笔题下"诚招天下客,誉满谢公楼"。谢正安无论是收购还是加工茶叶,都十分讲究质量,拣茶分清等级,包装配放信誉单,以至信誉单也成为一种抢手货,通用于上海,使得黄山毛峰名声更响。谢裕大茶行同时兼营屯绿、花茶等品种,除上海谢裕大茶行的中心店铺外,屯溪、歙县也有谢裕大茶行,更远的营口、柘皋、运漕还有谢裕大茶行的分店。谢正安本人操持内务,总揽一切,同时对四个儿子也有着明确的分工:长子大均在老家,负责收购加工;次子大坤掌管屯溪的谢裕大茶行,调毛茶,搞精制;三子大鸿通英语,驻上海搞外销;四子大昌在歙县经营茶行。谢正安于宣统二年(1910年)病故,其四个儿子继承父业,将谢裕大茶行经营至20世纪20年代中期。黄山毛峰的声誉永久地传承下来,后来演绎为一笔丰厚的文化遗产,成为用之不竭的社会资源和宝贵财富。

(2)名人茶事

黄山毛峰的创制人谢正安之孙谢育华于清宣统二年(1910年)撰写的《谢正安自序》,记录了黄山毛峰茶的创制、发展历程。谢育华与黄宾虹、陶行知、汪采白等人是同乡挚友,黄宾虹年龄居长。汪采白曾师从黄宾虹学习国画,与黄有师生之谊;谢育华、陶行知、汪采白等三人因年龄接近而互以兄弟相称,唯称黄宾虹为"先生"。某天,宾虹先生探望谢育华、汪采白,谢育华沏上了老家的黄山毛峰茶,黄宾虹刚喝一口,便说:"好茶,慎裕堂是黄山毛峰的第一家。""捧着一颗心来,不带半根草去"的教育思想家陶行知,是歙县城西黄潭源村人,倡导"生活即教育""社会即学校",在他从事教育的30年中,曾以茶办学投身平民教育,从茶起步,以茶馆为载体进行办学实验。南京近郊老山脚下的晓庄师范是陶行知实践乡村教育的基地,晓庄师范附近的畲儿岗村庄有一片茶园,陶行知将其命名为"中心茶园",并在黄山毛峰产区聘请茶师指导栽茶制茶,全面引进毛峰茶的生产模式。同时,在茶园里建了一座徽式茶馆,茶馆张贴着陶行知自撰的茶联:"嘻嘻哈哈喝茶,叽叽咕咕谈心。"晓庄师范的学生在这里跟农民一起当炉烧茶,与陶先生一道边品茶边学习,寓学习于品茶之中。畲儿岗的茶馆办出了效果,陶行知又规定晓庄师范的师生在每一所中心小学的附近都要办一所这样的民众茶馆(园),此后类似的茶馆便如雨后春笋般涌现。陶行知原名陶知行,在谢育华建议下改为陶行知。汪采白,歙县西溪人,习四书五经并丹青之法,曾担任南京中央大学国画系主任、安徽省立第二中学校长,抗战前夕,与谢育华、姚文采等人在歙县浮溪等地创办茶场,大力推行陶行知的平民教育思想。现今,黄山谢裕大茶叶博物馆里有一横匾,上书"黄山毛峰第一家",这是新安画派一代宗师黄宾虹先生题写给谢正安第四代子裔的珍贵墨宝。(图5-1、图5-2)

名人茶画(黄宾虹　作)

图5-1

名人茶字(启功　作)

图5-2

　(3)黄山毛峰大事记

　1875年,谢正安在徽州歙县漕溪村充头源创制"白毫披身,芽尖似峰"的黄山毛峰茶。

　1890年,张之洞以"掷银三两,饮茶一杯"赞誉黄山毛峰茶,后题写了"诚招天下客,誉满谢公楼"的对联。

　1896年,屯溪公济局征文录记载,徽州休、婺、歙等地有经营黄山毛峰的茶号136家。

　1903年,谢正安被朝廷诰封为"朝议大夫""奉政大夫"。

　1934年7月,《国际贸易导报》刊载《皖浙新安江流域之茶业》一文,称:毛峰每担售价最高二百二十元……所产之茶,雨雾润渥,香味芬芳,故为珍品。

1937年,商务印书馆出版的《中国茶业问题》一书中,吴觉农、范和钧述:"茶香为左右茶叶品质高低之重要因素;绿茶中如黄山毛峰,所以能在绿茶中占最高贵地位者,香气醇厚,有以致之。"

1955年,中国茶叶公司对全国优质茶进行鉴定,黄山毛峰被评为全国十大名茶之一。

1979年7月,75岁高龄的邓小平登黄山;在半山寺休息时,小平同志一边品尝黄山毛峰茶,一边与大家交谈。

1982年,黄山毛峰茶获"商业部名茶"称号。

1983年,黄山毛峰茶获国家外经贸部荣誉证书。

1984年,黄山毛峰原产地充头源恢复特级黄山毛峰茶生产,当年销往联邦德国及中国香港地区。同年,黄山大叶种被全国茶树品种审定委员会认定为全国地方茶树良种,编号为"华茶21号"。

1986年,黄山毛峰被外交部定为外宾用茶和礼品茶,定点在富溪乡生产。同年,在全国名茶评比会上,黄山毛峰再次夺得全国名茶桂冠。

1987年,黄山毛峰茶被国家商业部授予"商业部优质名茶"称号。

1999年1月16日,上海《解放日报》刊登了中国十大名茶名录,黄山毛峰为十大名茶之一。同期,美国美联社、《纽约时报》和香港《文汇报》所公布的中国十大名茶中都有黄山毛峰。

1999年4月,时任国务院总理朱镕基代表江泽民总书记,将黄山毛峰茶作为礼物赠送给他旅居美国费城时的恩师顾毓琇先生。

2002年,黄山毛峰被列入国家原产地域产品保护范围,获黄山毛峰原产地标记注册认证。同年,黄山毛峰茶获评中国(芜湖)国际茶叶博览交易会"茶王"称号。

2006年,黄山毛峰茶被批准为国家地理标志保护产品,黄山毛峰制作技艺被评定为安徽省非物质文化遗产。

2007年3月27日,时任国家主席胡锦涛和俄罗斯总统普京,在莫斯科克洛库斯展览中心共同出席"中俄国家年"开幕式,胡锦涛主席向普京总统赠送了黄山毛峰、太平猴魁、六安瓜片、绿牡丹四种名茶。

2007年,谢裕大茶叶股份有限公司投资3 000万元,在黄山毛峰核心产区徽州富溪,研建了首条黄山毛峰茶的清洁化、连续化加工生产线。

2008年,绿茶制作技艺(黄山毛峰)被列入第二批国家非物质文化遗产名录,谢四十、谢一平被评为安徽省非物质文化遗产绿茶制作技艺(黄山毛峰)代表性传承人。同年,新修订的黄山毛峰茶国家标准《地理标志产品 黄山毛峰茶》(GB/T 19460—2008),由国家标准化管理委员会发布。

2009年6月,黄山光明茶业有限公司谢四十被评为第三批国家非物质文化遗产绿茶制作技艺(黄山毛峰)代表性传承人。

2009年9月24日,国家标准化管理委员会66号文件通知,经全国标准样品技术委员会筛选和专家组综合考评,黄山毛峰实物标准于2010年在全国范围内正式实施。

2017年2月,黄山毛峰茶地理标志证明商标获准国家商标局注册。

2017年5月,国家农业部在杭州举办首届中国国际茶叶博览会,黄山毛峰被茶博会组委会授予"中国十大茶叶区域公用品牌"称号。

2.太平猴魁的文化历史

太平猴魁是烘青尖茶中的极品,原产于黄山区太平湖畔的猴坑一带。这里依山傍水,林茂景秀,湖光山色,交相辉映,自然生态条件好,所产之茶芽叶肥壮、持嫩性强。1912年,太平猴魁茶在南京南洋劝业会和农商部展出,获得优等奖;1915年,在美国旧金山万国博览会斩获金奖。民国初期,徽州茶基本上维持着清末的状况,后来由于受动荡不安的政局影响,茶的命运不仅没有起色,而且每况愈下,一蹶不振,这种状况一直延续到1949年才得以改观。

(1)名人茶事

1912年10月,孙中山先生乘"联鲸号"舰在长江下游考察实业。10月23—30日,中山先生分别在安庆、芜湖登岸,并做短时间停留,受到两地各界的热烈欢迎。事前,太平茶商苏锡岱得知消息后便通知其义弟刘敬之,指示正在芜湖开设"南山茶号"的义兄方南山,带上其精制的太平猴魁作为薄礼,去芜湖码头敬献给孙中山先生。10月30日,当孙中山在芜湖铁山饭店休息时,饮到侍者冲泡的太平猴魁茶,才呷两口就赞不绝口,连称好茶,在茶兴正浓时欣然挥毫为方南山题词:"饮杯猴茶,如得知己,可以无憾。"落款"民元 孙文",并盖上印章。力透纸背的墨宝,既言简意赅,又铿锵有力,虽字数不多,但内涵丰富。既是对猴魁茶的充分肯定,也是对茶人方南山为研制猴魁茶所做贡献的鼓励与褒奖,更体现了中山先生体恤民情、关注民生、视茶人为知己的伟人风范。

名茶遇名人,相识又相知。

20世纪二三十年代,太平茶商到南京开设茶庄,最多时有50多家,年销售太平茶叶两万多担,当时南京就有"十个茶商九徽商,七个来自太平县"的说法。当时以太平茶商为主成立了南京茶叶公会,还设立了太平会馆,《白下琐言》载:"金陵五方杂处,会馆之设甲于他省,太平在甘雨巷。"太平茶商中,不少人跻身南京商界名流。有"南京茶市台柱子"之誉的苏锡岱,在夫子庙、下关等处开设多家茶庄,还办了通汇钱庄和安徽旅宁公学,曾出任南京商会总会会长。号称"太平第一茶商"的刘敬之,在南京开设规模较大的茶栈,曾被公推为南京茶叶公会主席,在家乡开设三门茶庄,经常帮助皖南新四军,周恩来、叶挺、史沫特莱等人往来泾县新四军军部,曾食宿于刘家。1939年,周恩来亲赴皖南新四军军部,两次途经三门(今猴坑村),周恩来感佩刘敬之深明大义,为国捐资出力,遂欣然题词"绥靖地方,保卫皖南,为全联导,为群众倡"。此后,刘敬之多次将太平猴魁寄给周恩来品饮。1946年4月28日,远在重庆的周恩来写给刘敬之的一封信中言:"忆远岁既两扰堂阶,复多蒙遥赉名茶,隆情厚爱遂令心焉铭感……"

(2)名扬世博

1912年初,美国国会决定在巴拿马运河竣工之时,在旧金山举办全球性国际博览会以示庆祝,以彰显其国力。1912年3月,中国政府收到美国总统塔夫脱发来的邀请书,其后不久,美国政府又专派特使来华劝中国官商赴赛。1913年6月,民国政府成立"巴拿马赛会事务局",由农商部部长陈琪担任局长,工商部、教育部、财政部等协同筹备,各省也相继成立"赴赛出品协会",负责征求产品。经刘敬之先生的推荐,猴坑茶人方南山受安徽茶叶协会之托应征,携太平猴魁产品,乘坐俄国船只"耶罗十号"随团远赴美国参展。应邀参加巴拿马博览会的共有包括中国在内的41个国家,中国在国际博览会上是初次参展,格外引人瞩目。博览会从1915年2月20日开展,到12月4日闭展,参展单位超过20万家,展期长达九个半月,观展总人数达1 800万,开创了世界历史上博览会历时最长、参加人数最多的先河。巴拿马万国博览会会址位于美国旧金山海湾与陆地的交会处,主展厅分11个展馆,即美术馆、教育馆、社会经济馆、文艺馆、制造业和各类工业馆、机械馆、运输馆、农业馆、农业食品加工馆、园艺馆、矿业和冶金馆。除主要展馆外,不少国家还设有自己的展馆。中国政府派出能工巧匠建造了具有典型东方风格的中国馆,中国馆在众多西方馆中尤为突出。

博览会开幕场面十分壮观,观者如潮,当天到中国馆参观的人数高达8万之多,其中包括美国总统、副总统等众多政府高官。整个博览会期间,到中国馆参观的总人数超过200万。巴拿马博览会上,对各国参赛的各类产品都要经过专家的认真筛选,优胜劣汰。大会成立了高级评审委员会,由美国派人出任会长和副会长,秘书长分别由美国、澳大利亚、阿根廷、荷兰、日本、古巴、乌拉圭、中国等代表出任;大会还成立了由来自世界各国科学、艺术、工商界的500人组成的评审团,中国有16人参加。大会决定设立六个等级奖项:最高奖章(一等金奖)(Grand Prize)、荣誉勋章(Medal of Honor)、金质奖章(Gold Medal)、银质奖章(Silver Medal)、铜质奖章(Bronze Medal)、口头表彰奖(Honorable Medal,无奖牌)。前三项奖章均为金质奖章,各奖项的奖章和所颁发的奖状凭证格式是统一的,但在获奖产品的奖状上标明了参展产品所在的展馆名、得奖等级、得奖公司和得奖产品名称。金质奖章,奖章为圆形,半径35毫米,原始质地为铜,镀金后为金黄色,正反面图案不同,正面刻有旧金山的标志性建筑塔楼,两边是代表和平的橄榄枝,边缘周围为英文,内容为"旧金山巴拿马太平洋万国博览会";背面为人物浮雕,为一男一女单手相迎的图案,下面刻有拉丁文,意为"上帝造男造女"。银质奖章是镀银的,为银白色。铜质奖章为本色。各奖章的图案均一样。太平猴魁在农业馆参展参赛,几经评审,冠盖群芳,荣膺最高奖章(一等金质奖章)。所领取的奖状凭证上印有"AGRICULTURE"(农业)、"Grand Prize"(最高奖章);手书英文有Taiping County C of C(太平县商会)、Anhui China(中国安徽)、Taiping Hou Kui(太平猴魁)等字样。

(3)猴茶真经

自1915年喜获巴拿马太平洋万国博览会一等金奖后,方南山刻苦钻研,全面总结太平猴魁茶的手工采制技艺,于1917年秋编写出《猴茶真经》,从此逐步规范了太平猴魁茶的采制技术和工艺流程,确保了太平猴魁茶的色、香、味、形百年不变。《猴茶真经》以四言诗的形式,将太平猴魁的诞生、茶园管理、精湛的采制技艺及优异的品质等,进行了形象、生动、优美的概括,字字珠玑,句句精辟。同时,在亦庄亦谐的字里行间,读者可感受到猴坑茶人方南山对太平猴魁的至深感悟。

《猴茶真经》全文为:"猴年马月,山猴得疾,人间瘟殃,大圣奏本。瑞草天降,可食可饮,除痛祛疾,天下太平。天帝恩准,籽落猴岗,众猴呵护,猴茶丛旺。城山道观,悟证法师,乙亥至今,地带灶头。每每指点,百问不烦。茶地翻锄,正月锄金,二月锄银,三月是懒人。茶预底肥,猪牛草粪。一遇虫害,茶药抖撒。上午采摘,中午拣杂,下午制茶,人日三斤,不宜过量,严控火候,最忌熏染。先为拣山,再拣棵枝,无尖大叶,小叶瘦曲,虫咬色淡,均留不采。卅廿十五,百比分清,清棵最后,一芽两叶,不带硬梗。坚定不移,一斤魁料,二斤拣尖,拣下单叶,再制魁片。杀青用火,烫手即可。每锅二三两,不可图快,深翻高扬,不出锅口,不加压揉,微有暴响,卅下出锅。伸直平优,抖撒篾盘,干燥三段,翻烘三次,粗梗折断,初制告结。山川隐仙,草木犹香。汤清汁翠,叶影水光。猴岗神水,猴坑猴魁,太平两绝,天下无双。孙文有说,饮杯猴茶,如得知己,可以无憾。丁巳秋月　方家猴魁轩南山记。"

(4)茶商春秋

唐朝陆羽(733—804年)所著《茶经》中,将全国产茶地划分为八大茶区,太平县境属浙西产区之宣州、歙州产区,称太平县产"上睦茶""临睦茶"为地方名茶。唐太平县令许浑《溪亭》诗云:"茶香秋梦后,松韵晚吟时。"清乾隆元年(1736年)《江南通志》载有"太平县盛产翠云茶,香味清芬",产地为桂城乡与龙门乡交界处的和尚宕、凤凰尖一带。清乾隆年间《太平县志·风俗》有"太民难于为业,亦勤于为业,间植桐漆茶以资旦夕"和"砌茶亭、置茶田,以兴公益"的记载;并创尖茶品目,共分为魁尖、贡尖、天尖、地尖、亭尖、泰尖、贞尖七等,"魁尖"为上品。《太平志》述:凤凰尖一带"地逼仄或壁立,不能立足,上下如猿猴",故此山间村落古称"猴坑"。清嘉庆年间,太平三口有36家茶庄;清道光年间,太平汤口、芳村、冈村有20余家茶行。清咸丰十一年(1861年),"中国留学生之父"、毕业于美国耶鲁大学的容闳就职于上海一家经营绿茶的洋行。是年,容闳携白银四万两,历尽千辛万苦来到太平境内,购得绿茶6.5万箱(每箱25千克),雇船28艘,分两批运往芜湖。同治三年(1864年)后,桃林(今新明乡招桃村)、湘潭、三门、龙门等地均有本地茶商设茶号、茶庄收购毛茶,雇工精制茶叶出售。每年春茶上市时,太平旅外茶商、外埠茶商纷纷来桃林、三门、三口、龙门、乌石等地设庄(摊)收购毛茶,仅三口一地,雇工加工"洋装"绿茶上万担,外销出口。三门、湘潭一带茶商几乎家家有商船,后逐渐转为开设茶庄经营。

民国十一年(1922年),全县茶园面积28 700亩,产茶573吨。至1949年,全县仅存茶园10 200亩,其中可采摘茶园8 000亩,年仅产茶145.7吨。

(5)太平猴魁大事记

1900年,太平猴岗茶农王魁成精心制作上好尖茶,被称为"王老二魁尖"。

1910年,太平猴坑人方南山、方先柜等人在"王老二魁尖"的基础上,特别制作了2千克魁尖,陈列于南洋劝业会和农商部并首获优等奖,被定名为"猴魁"。

1912年,太平县商会将"猴魁"正式命名为"太平猴魁"。

1915年,在美国旧金山举办的太平洋万国博览会上,中国送展的太平猴魁荣获一等金质奖章和证书。

1935年,太平猴魁产量达到500千克,以后便一路下滑,至1949年时产量跌至95千克。

1949年后,作为国家礼茶享受着特殊的尊荣和礼遇,太平猴魁年产量一直徘徊在500千克,主要用于中南海、外交部、人民大会堂等单位招待中外来宾。

1955年,中国茶叶公司对全国优质茶组织鉴定,太平猴魁被评为全国十大名茶之一。

1972年2月,美国总统尼克松访问中国,周恩来总理送给尼克松总统一包太平猴魁茶。

1982年,太平猴魁茶获"商业部名茶"称号。

1983年,太平猴魁茶获外贸部优质产品证书。

1987年,太平猴魁茶获国家商业部优质名茶荣誉证书,猴魁年产量历史性地突破1 000千克。

1988年,中国食品工业协会在北京举办首届中国食品博览会,太平猴魁茶获名特优新产品金奖。

1990年,太平猴魁茶获"商业部优质名茶"称号。

2002年,黄山区政府提出在确保产品质量的前提下,扩大猴魁茶的采制区域。

2003年,太平猴魁茶获国家原产地域产品保护标志,太平猴魁的年产量达到12 600千克。2003年成为太平猴魁茶飞速发展的标志之年。

2004年,太平猴魁茶在中国(芜湖)国际茶叶博览交易会上获"茶王"称号。

2006年,黄山区茶叶协会成功注册了"太平猴魁"地理标志证明商标。

2008年,绿茶制作技艺(太平猴魁)被列入第二批国家非物质文化遗产目录。同年,国家标准《地理标志产品 太平猴魁茶》(GB/T 19698—2008)由国家标准化管理委员会发布。

2009年,全区茶叶总产量1 310吨,产值2.05亿元,综合产值6亿元。

2012年10月,方继凡被评为第四批国家级非物质文化遗产绿茶制作技艺(太平猴魁)代表性传承人。

2018年,全区产量1 256吨,产值5.26亿元,综合产值15亿元。其中,猴魁产量569吨,产值3.62亿元,连续10年产值保持20%以上的增幅。

3.六安瓜片的文化历史

(1)齐山揽秀

六安产茶,有文字可考始于唐。唐陆羽《茶经》中,就有"庐州六安(茶)"之称。唐代之后,对六安产茶的记载渐次增多。宋代叶清臣所著《煮茶泉品》中说"吴楚山谷之间,气清地灵,草木颖挺,多孕茶"。明代屠隆撰写的《考盘余事》一书中,将"天池""阳羡""六安""虎丘""龙井""天目"列为当时全国六大佳品。明代科学家徐光启在《农政全书》一书中写道:"六安州之片茶,为茶之极品。"明代许次纾在《茶疏》中,也对六安茶大加推崇,曾有"天下名山,必产灵草……大江以北,则称六安"的金玉之言。六安茶的种类繁多,其中最有名者当属瓜片。

六安瓜片主产于六安市的金寨县、裕安区交界的齐头山一带。齐头山属大别山支脉,全山为花岗岩构成,林木葱翠,怪石峥嵘,溪流飞瀑,烟雾笼罩,这里所产的片茶为"六安瓜片"之极品。登齐头山,须从一处狭窄的山道口进入,山道两边,崖峰削立,直指云天。齐头山的岩石大多呈鲜活的红色,崖上有山洞,如白云洞、雷公洞、蝙蝠洞、观音岩、童子洞、魁子岩等。欲寻六安瓜片之源,就必须进蝙蝠洞,因为此处所产的瓜片被称为"仙茶",究其原因,蝙蝠洞的周围整年有成千上万的蝙蝠云集在这里,蝙蝠的生息使这里的土壤富含磷质,利于茶树生长。《六安县志》中有关于齐头山蝙蝠洞产茶的记载:"在齐头山,峭壁数十丈,岩石覆檐,中空数韫,境极幽雅,产仙茶数株,香味异常,口味最美,商人争购之。"

（2）名人茶事

周恩来总理与六安瓜片曾有一段不解的情缘。2001年《人民日报》刊登了马德俊撰写的《周恩来的临终茶思》，文中记述：1975年深秋，重病在身的周总理跟医护人员说想喝六安瓜片茶，工作人员找遍北京方才觅得。当总理喝着那杯瓜片时，回味良久，神色凝重地对医护人员说："谢谢同志们，我想喝六安瓜片，是因为想起了战友们，想起了叶挺将军，喝到了六安瓜片茶，就好像见到了他们。"原来，1939年4月下旬，叶挺将军赴六安开辟皖西抗日根据地，六安各界人士曾用六安瓜片招待叶挺。后来叶挺到达重庆，将一大方筒六安瓜片转赠周恩来，周总理由此喜爱上了这款香意氤氲的佳茗。在历史的长河中，有关六安瓜片的佳话不胜枚举。1971年，时任美国国务卿的基辛格第一次访华，六安瓜片作为国礼馈赠给外国友人。当代茶学泰斗陈椽、王泽农两位先生分别在其所著的《中国名茶研究选集》和《中国名茶及其生产特性》中，对六安瓜片评价极高。1992年，王泽农在品赏六安瓜片茶之后，欣然写下《满庭芳二阕》，其中有"更喜齐山密林，巍崖下，婉转溪流，得天厚，六安瓜片，甘香润吻喉"的文字，赞咏六安瓜片。梁实秋先生在一篇题为《喝茶》的散文中说："有朋自六安来，贻我瓜片少许，叶大而绿，饮之有荒野气息扑鼻。"张爱玲的《半生缘》中，男主人公来自六安，此君向别人介绍起自己的家乡时，都会说这是个产茶的地方。其实，张爱玲祖父是李鸿章的女婿，她自小耳濡目染，自然知晓六安瓜片的盛名。

（3）茶文茶艺

据《六安州志》记载："天下产茶州县数十，惟六安茶为宫廷常进之名品。"有诗叹道："催贡文移下官府，那管山寒芽未吐。焙成粒粒似莲心，谁知侬比莲心苦。"明代文震亨在《长物志》"香茗篇"中，评价六安茶说："宜入药品，但不善炒，不能发香而味苦，茶之本性实佳。"明代王象晋《群芳谱》记载："寿州霍山黄芽，六安州小岘春，皆茶之极品。"据古人描写，黄芽和小岘春形状如片甲，叶软薄如蝉翼。明代李东阳、萧显、李士实三翰林联手赋诗《咏六安茶》："七碗清风自六安，每随佳兴入诗坛。纤芽出土春雷动，活火当炉夜雪残。陆羽旧经遗上品，高阳醉客避清观。何时一酌中泠水？重试君谟小凤团。"清末诗人李光庭曾用"金粉装饰门而华，徽商竞货六安茶"来形容当时京都的茶叶市场。清代陈燕兰《霍山竹枝词》描绘了当年贡茶的情景："春雷昨夜报金芽，雀舌银针尽内衙。都外龙旗喧鼓吹,香风一路贡新芽。近城百里尽茶山,估客腰缠到此间。新谷新绿权子母,露芽摘尽泪潸潸。"大文学家曹雪芹的旷世之作《红楼梦》,竟有80多处提及六安茶,尤其是"妙玉品茶"一段,读来令人荡气回肠。清朝霍山县令王毗翁赞六安茶:"露蕊纤纤才吐碧,即防叶老采须忙。家家篝火山窗下,每到春来一县香。"明代陈霆《两山墨谈》记载:"六安茶为天下第一,有司包贡之余,例馈权贵于朝士之故旧者……见频岁春冻,茶产不能广,而中贵镇守者,私徵倍于宫贡,有司督责,头芽一斤卖至白银一两。"

茶香沁人心,茶引文人思。在漫长的历史岁月中,不少文人名士,以茶交友,以茶抒情,以茶遣兴。六安齐头山是瓜片茶的原产地,山峦重叠,林木葱翠,溪流飞瀑,烟雾笼罩,山中有白云洞、龙潭、雷公洞、蝙蝠洞、滴水岩、童子岩诸迹。山南侧的蝙蝠洞,洞内蝙蝠成群,每天黄昏,纷飞出洞,铺天盖地,声如风涛,洞下茶树丛生,郁郁葱葱,自古所产之茶,品质最佳,闻名于世。齐头山下的水晶庵,叠嶂重阴,溪声如吼,相传梁武帝赠山建寺以来,寺僧就开山种茶,自制自饮,招待香客。明代诗人潘世美游览齐山,品尝名茶后,赋《咏齐山之茶》(二首):"高峰直上浮云齐,望入无峰天欲低;爱探惊雷新吐英,提筐争向雾中霓。""六丁帝遣获新香,不与凡夫浣俗肠;近日僧知平等法,粉榆居士得分尝。"清同治十一年(1872年)《六安州志》中的《试茶》述:"紫笋抽芽傍女墙,清芬肯教俗先尝? 生成雀舌和云蒉,制成龙鳞趁月芷。碧玉烹时飞雪色,素涛沸处起兰香,连宵酒症消除尽,七碗卢仝未许狂。"生动而又形象地表达了作者烹饮六安茶的兴奋之情。

(4)茗海钩沉

六安亦称"皋城",原为"上古四圣"之一的皋陶封地。公元前121年,汉武帝在这里设置了六安国,取"六地平安"之意,"六安"的名称一直沿用至今。六安是我国司法、豆腐、兽医三大鼻祖的孕育地。西汉时,淮南王刘安的封地也在六安,刘安发明了豆腐,组织编纂了著名的《淮南子》一书,并创造了沿用至今的二十四节气。传说刘安好道术,曾与"八公"在六安的八公山上炼出仙丹,食用后飞升上天,后来他家的鸡犬因食丹屑,也跟着升天了。从此,留下了"一人得道,鸡犬升天"的历史典故。汉献帝建安年间,茶叶就从四川经陕西、河南传入六安,六朝就有"叶茶"之说。唐宋年间,六安是江淮茶叶上贡之要地。据《罗田县志》和《文献通考》载:宋太祖乾德三年(965年),官府曾在麻埠、开顺设立茶站,可见当时制茶业已颇具规模。清乾隆年间,六安已成为全国最大的内销茶产地之一,当时的诗人袁枚所著的《随园食单》中,就把六安茶列入名品。20世纪20年代,外埠商人云集六安,坐庄经销茶叶。一时间,六安境内茶行林立,茶客熙攘。

明清两代,每到清明茶季,茶商、茶客们就聚集到一个叫麻埠街的六安山镇。四方茶客分山东与下江两路,山东一路是北方的济南与东昌府,下江则包括江浙与湖广。茶客一到小镇,便犹如桃花春汛,一夜沸腾。他们从麻埠的水陆两路,昼夜兼程,将成车成船的春茶争分夺秒地运往通都大邑。而此时,麻埠街几百里之外,四处飘着茶香的古城六安,一向茶馆多于酒肆。六安的茶馆、茶楼,人不分贵贱,茶不分优劣,器不分粗细,从清晨一直要闹腾到下半夜。史料记载,抗日战争爆发以后,由于连年战乱,商路阻隔,经济凋零,加之商人高利盘剥,至1949年前夕,瓜片茶生产奄奄一息,年产量不足千担。新中国成立初期,六安瓜片处于恢复性生产阶段,党和政府对片茶生产采取了扶持保护政策,1955年六安瓜片收购量达3 716担。十一届三中全会以后,六安瓜片的生产更是得到迅猛发展。如今,齐头山地区年产精品六安瓜片3万余千克。20世纪80年代后,六安瓜片开始陆续进入香港地区、澳门地区以及其他海外市场。

(5)六安瓜片大事记

1905年,六安瓜片茶正式定形、命名。

1955年,中国茶叶公司对全国优质茶组织鉴定,六安瓜片被评为全国十大名茶之一。

1971年7月,时任美国国务卿的基辛格首次访华,六安瓜片被作为国礼馈赠。

1982年、1986年,六安瓜片茶分别被商业部评为全国名茶。

1995年,六安瓜片茶获安徽省优质农产品奖项和中国国际茶文化、茶产品推荐奖。

1999年,六安瓜片茶获中国国际农业博览会金奖。

2001年,六安瓜片茶在中国(芜湖)国际茶叶博览交易会上获"茶王"殊荣。

2002年,成功注册"六安瓜片"地理标志证明商标。

2007年3月,六安瓜片作为国礼,由国家主席胡锦涛赠送给俄罗斯总统普京。

2008年,六安瓜片获得国家质检总局"地理标志产品认证",并被列入国家非物质文化遗产名录。

2010年,六安瓜片茶走进在上海举办的世界博览会,成为世界博览会十大名茶之一。

2011年,地方标准《地理标志产品　六安瓜片茶》(DB34/T 237—2011)制定、发布。

2014年5月8日,由六安市政府主办的第十四届六安瓜片茶文化节暨2014六安名优茶推介会,在南京市茶叶协会、六安市在外人才协会南京分会等的共同努力下,于南京国际展览中心成功举办。

2017年5月,国家农业部在杭州举办首届中国国际茶叶博览会,六安瓜片被茶博会组委会授予"中国十大茶叶区域公用品牌"称号。

名 茶 艺 术

一、茶之器物

1.《茶经》拾贝

"工欲善其事,必先利其器。"茶器茶物是名茶品饮的先决条件,也是茶艺赏心悦目之所在。陆羽《茶经》中精心设计了适于烹茶、品饮的二十四器。其中,风炉为生火煮茶之用,以道家五行思想与儒家入世精神而设计,以锻铁铸之,或烧制泥炉代用。筥以竹丝编织,方形,用以集茶,方便又美观。炭挝为六棱铁器,长33厘米,用以碎炭。火夹用以夹炭入炉。釜用以煮水烹茶,似今日本茶釜,多以铁为之,唐代亦有瓷釜石釜,富家有银釜。交床以木制,用以置放茶釜。纸囊为茶炙热后储存于其中,不使泄其香。碾用以碾茶,拂末乃将茶拂清。罗合,罗是筛茶的,合是贮茶的。水方用以贮生水;漉水囊用以过滤煮茶之水,有铜制、木制、竹制;瓢为舀水之用,多用木制。竹夹乃煮茶时环击汤心,以发茶性。鹾簋、揭,唐代煮茶加盐去苦增甜,前者用于贮盐花,后者舀盐花。熟盂用以贮热水,唐人煮茶讲究"三沸",一沸后加入茶直接煮;二沸时出现泡沫,舀出盛在熟盂之中;三沸将盂中之熟水再入釜中,谓之"救沸"。碗是品茗的工具,唐代尚越瓷,此外还有鼎州瓷、婺州瓷、岳州瓷、寿州瓷、洪州瓷,以越瓷为上品,唐代茶碗高足。畚用以贮碗;扎乃洗刷器物用,类似现在的炊帚;涤方用以贮水洗具;渣方用以汇聚各种沉渣;巾用以擦拭器具;具列用以陈列茶器,类似现代的酒架;都篮为饮茶完毕,收贮所有茶具之用。

2.茶具一览

(1)茶具种类

茶具种类以材质论,分为陶土茶具、瓷质茶具、漆器茶具、玻璃茶具、金属茶具、竹木茶具等。陶土茶具多指我国宜兴制作的紫砂茶具。用紫砂茶具泡茶,既不夺茶之真香,又无熟汤气,能较长时间保持茶叶的色、香、味。瓷器产于陶器之后,分为白瓷、青瓷和黑瓷三个类别。白瓷茶具以色白如玉而得名,产地甚多,现以江西景德镇最为著名。漆器茶具是我国最早与金属茶具并存的一类,自汉代起到当今社会,以北京雕漆、福州漆器茶具最为珍贵。玻璃茶具素以质地透明、光泽夺目、外形可塑性大、形状各异、品茶饮酒兼用而受人青睐。用玻璃茶具冲泡毛峰、猴魁、瓜片等名茶,能充分发挥玻璃透明的优越性,令人赏心悦目。玻璃茶具始于我国唐朝时期,那时称作琉璃茶具。玻璃茶具是全世界应用范围最广、品种最多、使用最全的茶具。传统金属茶具以青铜、铜、铁为主;而当代金属茶具以不锈钢、铝质为主,坚固耐用,器型繁多,深受大众喜爱。我国竹木茶具的起源至今尚不明确,可能由唐宋时期的少数民族发明,为我国最早使用的茶具之一。

(2)品茶用具

器为茶之父,水为茶之母。茶具在整个泡茶过程中不仅是一种盛茶的器皿,更是构成了中国茶文化不可或缺的一部分。按照功能不同,品茶用具分成泡茶用具、分茶用具、品茶用具、备茶用具、备水用具和辅助用品等六大类,可根据茶叶的特点和个人喜好自主选用。泡茶用具:茶壶是一种沏茶和斟茶用的带嘴器皿,有铜壶、铁壶、紫砂壶、瓷壶等。盖碗又称"三才杯",茶盖在上,茶

各种茶具
—
图5-3

托在下,茶碗居中。分茶用具:通常是指公道杯,用来盛放泡好的茶汤,再分倒入各品茗杯。公道杯有瓷、紫砂、玻璃等质地,有柄或无柄,或自带过滤网。品茶用具:通常指品茗杯、闻香杯。品茗杯用来品饮茶汤,有白瓷杯、紫砂杯、玻璃杯等。闻香杯是用来嗅闻杯底留香的器具,与品茗杯配套,质地相同,闻香杯多用于冲泡乌龙茶。备茶用具:茶荷,功能与茶则、茶漏类似,为暂时盛放从茶罐里取出的干茶的用具,但茶荷兼具赏茶功能;存茶罐有瓷罐、铁罐、纸罐、塑料罐、搪瓷罐、锡罐、陶罐等。备水用具:随手泡是当前泡茶时最常用而方便的烧水工具。辅助用具:主要有茶盘、杯垫、盖置、壶承、水盂、滤网架、过滤网、茶刀、茶巾等。茶道六君子:又称茶道用具组合,是对茶筒、茶针、茶夹、茶匙、茶则、茶漏六件泡茶工具的合称(后五者均放于茶筒中收纳)。其中,茶针用于疏通壶嘴,茶夹用于夹取品茗杯,茶匙用于从茶荷或茶罐中拨取茶叶,茶则用于从茶罐中量取干茶,茶漏用于放茶叶时放入壶口,扩大壶口面积,防止茶叶溢出。

3.泡茶用水

(1)古人取水

水为茶之母,对茶的冲泡效果起着十分重要的作用。水是茶叶滋味和内含成分的载体,茶的色、香、味及各种风味物质,溶于水后才能供人享用,并且水质直接影响茶质。清人张大复在《梅花草堂笔谈》中说:"茶情必发于水,八分之茶,遇十分之水,茶亦十分矣;八分之水,试十分之茶,茶只八分耳。"因此,好茶必须配以好水。唐代陆羽在《茶经》中指出:"其水,用山水上,江水中,井水下。其山水,拣乳泉石池漫流者上,其瀑涌湍漱勿食之。"最早提出水标准的宋徽宗赵佶,在《大观茶论》中写道:"水以清、轻、甘、洌为美。轻甘乃水之自然,独为难得。"古人大多选用天然的活水,最好是泉水、山溪水,无污染的雨水、雪水次之,再次为清洁的江、河、湖之活水,池塘死水最次。雪水和天落水,古人称之为"天泉",尤其是雪水,更为古人所推崇。唐代白居易的"扫雪煎香茗",宋代辛弃疾的"细写茶经煮茶雪",元代谢宗可的"夜扫寒英煮绿尘",清代曹雪芹的"扫将新雪及时烹",都是赞美用雪水沏茶的。唐代陆羽《茶经》中说的"井取汲多者",明代陆树声《煎茶七类》中讲的"井取多汲者,汲多则水活",均提及井之活水。明代焦竑的《玉堂丛语》,清代窦光鼐、朱筠的《日下归闻考》中都提到京城文华殿东大庖井,水质清明,滋味甘美,曾是明清两代皇宫的饮用水源。福建南安观音井,其水曾是宋代的斗茶用水,如今仍然存世。

(2)宜茶用水

泡茶用水以"清、轻、甘、洌、活"为佳。其一,水清则无杂、无色、透明、无沉淀物,最能显出茶的本色。其二,水体要轻,水的比重越大,则水的硬度越大,钙、镁离子含量高,茶汤易混浊,味感粗糙、不爽滑。其三,"凡水泉不甘,能损茶味",水甘入口,则喉中有甜爽的回味。其四,水温要洌,因为寒洌之水多出于地层深处的泉脉之中,所受污染少,泡出的茶汤滋味纯正。其五,水源要活,"流水不腐"是指流动的活水中细菌不易繁殖且活水有自然净化作用,同时,活水中氧气和二氧化碳的含量较高,泡出的茶汤特别鲜爽可口。

泡茶用水主要有天然水、再加工水、地下水三大类。自来水的水源一般为江、河、湖泊,是属于加工处理后的天然水。再加工水为纯净水、蒸馏水等;用纯净水泡茶,沏出的茶汤晶莹清澈,香气滋味纯正。天然矿泉水是从地下深处自然涌出的或经人工开发、未受污染的地下矿水,由于矿泉水的产地不同,其所含微量元素和矿物质成分也不同,不少矿泉水含有较多的钙、镁、钠等金属离子,是永久性硬水,泡茶效果不佳。井水属地下水,悬浮物含量少、透明度较高,井水的硬度大,钙、镁离子含量高,又多为浅层地下水,特别是城市井水,易受周围环境污染,用来沏茶,有损茶味。

二、冲泡茶艺

1.茶艺类别

名茶品饮不仅要品其滋味,更要赏其形色。茶艺应依据主泡茶具来分类。在泡茶技艺中,又因使用泡茶用具的不同而分为壶泡法和杯泡法两大类。壶泡法是在茶壶中泡茶,然后分斟到茶杯(盏)中饮用。清代以来,从壶泡法茶艺中又分化出专属冲泡乌龙茶的工夫茶艺。杯泡法是直接在茶杯(盏)中泡茶并饮用,杯泡法茶艺又可细分为盖杯泡法茶艺和玻璃杯泡法茶艺。工夫茶艺原特指冲泡乌龙茶的茶艺,当代茶人又借鉴工夫茶具和泡法来冲泡非乌龙茶的茶类,故另称之为工夫法茶艺,以便与工夫茶艺相区别。因此,泡茶茶艺分为工夫茶艺、壶泡茶艺、盖杯泡茶艺、玻璃杯泡茶艺、工夫法茶艺五类。(图5-4)

黄山毛峰茶的冲泡(三才杯,谢裕大茶业   提供)

图5-4

2.茶艺中的泡茶法

茶艺是一种物质活动,更是精神艺术活动,对器具十分讲究,不仅要好使好用,而且要有条有理,自有美感。茶的冲泡方法有简有繁,要根据具体情况,结合茶性而定。各地由于饮茶嗜好、地方习俗的不同,冲泡方法和程序会有一些差异。但不论泡茶技艺如何变化,要冲泡任何一种茶,除了备茶、选水、烧

茶席
－
图5-5

水、配具之外,都应遵守基本的泡茶程序。(图5-5)

温具:用热水冲淋茶壶,包括壶嘴、壶盖,同时烫淋茶杯,随即将茶壶、茶杯沥干。其目的是提高茶具温度,使茶叶冲泡后温度相对稳定,不使温度过快下降。这对成熟度较高的茶叶冲泡尤为重要。

置茶:按茶壶或茶杯的大小,用茶则置一定数量的茶叶入壶(杯)。如果用盖碗泡茶,那么,泡好后可直接饮用,也可将茶汤倒入杯中饮用。

冲泡:置茶入壶(杯)后,按照茶与水的比例冲泡。冲水时,除乌龙茶冲水须溢出壶口、壶嘴外,其他茶类均以八分满为宜。冲水时,常用"凤凰三点头"之法,将水壶下倾上提三次,一是表达敬意,二是泡匀茶汤。

奉茶:奉茶时主人面带笑容,最好用茶盘托着送给客人。若用茶杯直接奉茶,应放至客人处,手指并拢伸出示意。从客人侧面奉茶,若左侧奉茶,则用左手端杯,右手做请茶用茶姿势;若右侧奉茶,则用右手端杯,左手做请茶姿势。客人可微微点头,以表谢意。

赏茶:高档名茶经冲泡后,先观色察形,接着端杯闻香,再啜汤赏味。尝汤时,应让茶汤从舌尖沿舌两侧流到舌根,再回到舌头,如此反复二三次,以留下茶汤清香甘爽的回味。

续水:一般当已饮去2/3杯或基本饮尽时,就应续水入壶(杯)。

第六章　当代传承

茶叶技艺一直在传承中发展，在发展中传承。茶产业发展的强劲需求与内在动力，赋予非遗活态传承更鲜明的时代感和更强大的生命力。

目前我国对涉茶非物质文化遗产的概念没有明确界定,根据非物质文化遗产的定义及茶业相关概念,茶叶非物质文化遗产是指各种以茶叶为主题、世代相传的传统文化表现形式及其相关的实物和场所,具体包括关于茶叶的典故传说、文艺作品、传统制茶技艺、茶礼茶俗、涉茶节庆活动、传统茶艺等,以及相关文物和场所。历经四批名录,国家级非遗代表性项目中,茶叶非物质文化遗产共有16项43个细项(含扩展项),占总量的3.13%,分别归属传统音乐、传统戏剧、传统舞蹈、传统技艺、民俗五类,本书主要述及的是茶叶传统技艺,重点介绍黄山毛峰、太平猴魁、六安瓜片三大名优绿茶。

第一节

新技术带来的影响

我国传统名茶种类繁多、品质独特、工艺精湛。名优绿茶大多起源于手工制茶,名优茶机械化加工新技术的应用,减少了人为因素造成的品质不稳定现象,其工效高、成本低、质量稳定,有利于茶叶质量管理与清洁化控制,是茶叶加工的必然发展方向。茶叶传统制作技艺所体现的是名茶品质的形成过程(制茶之理),现代机械制茶新技术所代表的是机械仿生的实现过程(机械之理),制茶之理与机械之理的高度融合、协同,达到了茶叶非遗项目传承与创新的协调统一。茶叶加工新技术大多以传统制作技艺为基础,运用机电工程的技术手段,将人力操作的技能经验转化为机械电气系统的工艺性能,因此,茶叶加工的工艺规范了,质量稳定了,成本控制了,产量保证了,从而大大拓展了茶叶消费的市场空间,促进了名优茶产业的高效快速发展。

一、茶叶机械保鲜技术

1.鲜叶冷藏保鲜技术

鲜叶内含物中,有些可在制茶过程中转化为茶叶色香味的品质成分,却在贮青过程中因氧化而消耗,使鲜叶干物质损耗量增大,导致鲜叶制茶率降低且品质下降;因此,采收后迅速降低叶温是非常有必要的。鲜叶采收后,如果鲜叶持续高温或堆放时间过长,易导致茶鲜叶的失水变质、氧化红变。鲜叶采收后可选择移至冷藏库保鲜,选用通气散热的纸箱或塑料箱等不裸露的包装,以避免鲜叶在高风速、高风压的情况下失水速度太快。在冷藏温度5~10℃条件下,茶鲜叶能保鲜15~20天,鲜叶冷藏贮青有利于提高制茶品质,缓解茶叶加工高峰期的原料拥堵及时间上的压力。

2.名优绿茶冷藏保鲜技术

机械冷藏几乎是名优绿茶保质保鲜的唯一方式。冷藏库具有自动调温、除湿的功能,制冷量根据库房大小和贮茶多少而定,相对湿度控制在70%以下,贮茶温度控制在5~8℃。名优绿茶加工完成后,应立即进行冷藏保鲜,一年半载之后,成品茶仍能保持良好的新鲜度,即便是寒冷阴雨的冬季,仍然能手握一杯沁人心脾的"新茶",仿佛感受到了春天般的温润气息。

二、名优绿茶机械化加工技术

1.机械杀青技术

杀青工序是绿茶加工中形成"绿叶绿汤"的最重要环节。现今开发的以电力、燃气设备为热源的滚筒杀青机、热风杀青机、汽热杀青机等设备,均能实现抛得高、炒得快、捞得净、撒得开的高温透杀效果。近年来,炒手、锅体的改进已使锅式杀青机研制取得了较大突破,因此,太平猴魁、六安瓜片的机械杀青新技术应用将达到新的高度。

2.机械做形技术

做形工序是名茶成形、成味、成香、成色的关键环节。现今开发的揉捻机能实现茶汁外溢而使茶叶卷曲成条;理条机能实现茶叶理顺理直的紧直成形;曲毫机能实现热做形的卷曲成螺;扁炒机能达到杀青、理条、压扁的青锅和辉锅功能;精揉机能满足针形名茶的紧圆做形需求;滚炒机能达到连续炒制、热做形均匀的工艺要求。(图6-1)

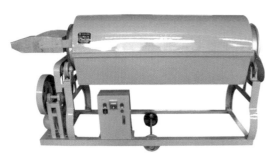

杀青机

揉捻机

理条机

烘焙机

烘干机

名优茶加工设备(珠峰茶机　提供)

图6-1

3.机械干燥技术

茶叶干燥是名茶外形色泽固定、焙香固香固味的重要环节。现今开发的干燥设备主要有动态干燥机、微波干燥机、抽屉式烘焙机、斗式烘焙机、箱式烘焙机及手拉百叶式、网带连续式和自动链板式烘干机等机型,基本能够满足茶叶脱水、缓苏、烘干、焙香的干燥需求。

当前,黄山毛峰茶加工已全程实现了机械化、连续化及自动化,加工品质稳定、优良,完全满足大规模、大批量、工业化的生产需求。太平猴魁茶加工中,杀青、头烘、二烘、老火等工序已基本实现了机械化,而做形、整形、定形工序仍然是最主要的瓶颈环节,"机械替人"存在相当大的技术难度,虽取得了一些进展,但仍处于积极研制之中。六安瓜片茶加工中,杀青、整形、毛火、拉小火等工序也基本实现了机械化,但拉老火工序仍未取得重大突破,并且,加工设备性能和产品质量仍需进一步提升。

三、光电色选与智能控制技术

1. 光电色选技术

光电色选机是指利用特殊识别镜头捕捉物料表面像元素信号,采集物料透光率信号及其他成分的信息,并利用编程控制(PLC)及中央处理器(CPU)处理,实现光电信号互换,且通过与标准信号对比,鉴别物料的品质优劣,再利用压缩空气进行物料分离,是一种集光、电、气、机于一体的高科技机电设备。光电色选机能够广泛应用于名优绿茶去除黄片、筋梗、次杂等异色异形物,一台色选机能替代数百位拣工的劳作,减少了拣剔环节的人力耗用,显著提升了商品茶的外形品相和卫生质量。

2.生产线智能控制技术

黄山毛峰连续化生产线已基本实现了智能控制的自动化作业,制茶机组既有机械部分的单机优良性能、缓冲输送平台衔接,又有电气部分的编程控制和数字信号处理(DSP)。整条生产线采用平输、立输、振动输送连接与贯通,达到了工艺优化、全程流畅、高效环保的运行要求,每小时产能100~150千克干茶的毛峰生产线仅需3~4人掌控,真切见证了制茶新技术的神奇。(图6-2)

黄山毛峰茶自动化加工生产线（丁勇　摄）

图6-2

第(二)节
活态传承与传统技艺

一、茶叶非遗的活态传承

活态传承是指非物质文化遗产在生存发展的环境中进行保护与传承,在人民群众生产生活过程中进行传承与发展的传承方式,是为了达到非物质文化遗产保护的终极目标,并能够实现较高的社会经济文化价值。活态传承不同于以现代科技对非物质文化遗产进行"博物馆"式的保护,是有别于采用文字、音像、视频记录非物质文化遗产项目的方式。作为非物质文化遗产的茶叶技艺一直在传承中发展、在发展中传承,博大精深的茶叶制作技艺不断推动我国茶产业的健康发展与壮大;同时,茶产业发展的强劲需求与内在动力,也使茶叶非遗技艺形成了活态传承的强大生命力。

茶叶技艺作为非物质文化遗产,重点在于进行社会性、生产性保护。千百年来,茶叶一直是百姓生活中不可或缺的必需品之一,并蕴含着非物质文化遗产的丰富内容,对茶叶制作技艺进行生产性保护,就是在符合保护规律的前提下,使得这些非遗项目能够在市场经济中传习、发展,获得赖以生存的经济效益,从而调动从业人员的积极性,促进非遗技艺融入现代科技,创造出更多更大的社会财富。只有这样,非物质文化遗产的传承发展才能形成良性循环,成为具有"造血"功能的完整系统,实现非遗项目的活态传承。非物质文化遗产是千百年来人民群众的伟大创造,今天的世界飞速发展,新科技、新观念层出不穷,这些新的创造既萌生于传统当中,又不断积淀成为新的传统。同时,随着茶叶科技水平的不断提升,很多传统的茶叶制作技艺也在与时俱进,融入新理念、研创新技术、研用新设备,使茶叶非遗项目焕发出新的活力。我们今天保护茶叶非物质文化遗产,不是为了强行保存、推广古老的手工技艺,而是研究、分析非遗项目的技术精髓和理论依据,并通过现代科技进行改造、升级,以实现非遗项目效率与效益的双提升,传承与创新的共协同。

二、茶叶非遗的传统技艺

茶叶非遗项目的传习,更能体现出尊重历史,尊重祖先的创造,尊重社会历史的自然发展规律,让这些非物质文化遗产活在当下,并从中寻找茶业可持续发展与创新的灵感和力量。茶叶传统技艺是千百年来茶叶生产的经验积累,更是人民群众赖以生存的劳动技艺。茶叶非遗技艺不是单纯的制茶操作的"一招一式",重要的是各种制茶程式所体现的技术功能,以及对名茶品质形成的关键作用。对非遗技艺理解越透、感触越深、掌握越熟,也就越有利于茶叶传统技艺的活态传承与发扬。茶叶加工新技术以传统技艺为源动力,将人力的操作技能转化为机械运行与调控,将制茶师傅的经验判断通过电气控制系统去实现制茶品质的掌控。只有将代表性传承人的制作技艺通过新技术去固化、复制,才能让茶叶非遗大师的传统技艺得以永远流传和发展。

第三节
代表性传承人述略

非物质文化遗产的载体是传承人,无论是技艺精湛的传统制作大师,还是口传身授的艺术名家,没有他们,就难以有非物质文化遗产的传承。国家对非物质文化遗产代表性传承人高度重视并给予扶持,不仅授予他们相应的社会荣誉,更帮助他们传授弟子,使得非物质文化遗产项目能够一代代传承下去。非物质文化遗产重视人的价值,重视动态的、精神的因素,重视技能的高超和独创性,重视人的创造力。国家级和省级非物质文化遗产传承人掌握着丰富的知识和精湛的技艺,是非物质文化遗产活态传承的代表性人物。茶为国饮,盛世兴茶,茶是大自然最美好的恩赐。为有效保护和传承各层级的茶叶非物质文化遗产,全社会都应该积极鼓励和支持茶叶非遗项目代表性传承人以活态传承方式开展传习活动,并赋予茶叶非遗项目更强的时代感和生命力。

一、黄山毛峰茶的代表性传承人述略

1.谢四十,国家非物质文化遗产绿茶制作技艺(黄山毛峰)代表性传承人

谢四十,男,黄山市徽州区人,1956年生。从幼年起就受祖辈制作黄山毛峰技艺的熏陶,对黄山毛峰茶一往情深;高中毕业后,认真向长辈学习,并逐渐掌握了黄山毛峰茶的传统制作技艺。1987年,创办黄山光明茶厂;2005年,出任黄山光明茶业有限公司(简称“光明茶业公司”)董事长。自2006年以来,曾主持省、市10余项茶叶科技攻关和开发项目,参与了《黄山毛峰茶》国家标准的制定。2008年,被评为第二批安徽省非物质文化遗产绿茶制作技艺(黄山毛峰)代表性传承人;2009年6月,被评为第三批国家非物质文化遗产绿茶制作技艺(黄山毛峰)代表性传承人。近年来,兴建了国家级非物质文化遗产黄山毛峰传承示范基地和黄山徽茶文化博物馆,主编的《徽茶》于2016年出版。光

明茶业公司于2006年被评为"安徽省农业产业化重点龙头企业",2010年被评为"中国茶叶行业百强"企业,2011年获批为全国供销社农业产业化龙头企业,2012年被国家环保部认定为国家有机食品生产基地,2013年被安徽省经济信息化委员会认定为省级企业技术中心。

2.谢一平,安徽省非物质文化遗产绿茶制作技艺(黄山毛峰)代表性传承人

谢一平,男,黄山市徽州区人,1962年生,黄山毛峰茶创始人谢正安玄孙,第五代传人。自幼爱茶习茶,少年时即领会了"下锅炒,轻滚转,焙生坯,盖上圆簸打老火"的传统技艺。高中毕业后进入歙县茶叶公司工作,经过系统的生产实践和专业学习,熟练掌握了茶叶业务技能。1993年,在黄山毛峰原产地创办黄山市徽州漕溪茶厂;2006年,组建谢裕大茶叶股份有限公司(简称"谢裕大公司")并出任董事长,坚持传承、创新并举的原则,在保持传统风格的基础上,提升了黄山毛峰茶的风味品质;2007年,兴建了谢裕大黄山毛峰茶业博物馆,收集了大量珍贵的历史文物,进一步弘扬了博大精深的徽茶文化。先后参与了国家标准《黄山毛峰茶》和安徽省地方标准《黄山毛峰茶加工技术规程》的制定。2008年,谢一平被评为第二批安徽省非物质文化遗产绿茶制作技艺(黄山毛峰)代表性传承人;2009年、2018年,获安徽省科学技术一等奖;2014年,荣获"中国茶叶行业年度经济人物"称号;2015年,入选安徽省"特支计划"首批创业领军人才;2018年,被评为"安徽改革开放40年风云人物"。2010年,谢裕大公司获得国家商务部"中华老字号"认定,2012年获评为"国家高新技术企业",2018年获批为农业产业化国家重点龙头企业,连续10余年获评为"中国茶叶行业百强企业"。

3.汪智利,安徽省非物质文化遗产绿茶制作技艺(黄山毛峰)代表性传承人

汪智利,男,安徽歙县人,1967年生,世代居住在歙县原大谷运乡(现溪头镇)汪满田村,祖辈一直以茶为生。自幼成长于浓厚的茶叶生产氛围中,初中毕业后,曾短暂学艺木工,为日后培养匠人精神奠定了良好的基础。1988年,闯荡上海开设茶叶门店;1994年,回乡创办歙县汪满田茶场;1998年,控股经营上海群峰茶叶有限公司;2006年,被评为中国茶叶行业十大经济人物;2017年,被评为第五批安徽省非物质文化遗产绿茶制作技艺(黄山毛峰)代表性传

承人。2006年,组建黄山市汪满田茶业有限公司(简称"汪满田公司")并出任董事长。汪满田公司利用地方良种"滴水香"研制的卷曲形绿茶"滴水香"品类,在上海及江浙市场拥有较高的市场份额和口碑声誉,曾较早进入沃尔玛等大型连锁卖场体系。

二、太平猴魁茶的代表性传承人述略

1.方继凡,国家非物质文化遗产绿茶制作技艺(太平猴魁)代表性传承人

方继凡,男,安徽黄山人,1965年生,世代居住在太平猴魁核心产区的新明乡猴坑村猴村组。自幼学习种茶与制茶,受长辈言传身教,加之自身勤奋上进,年少时就已基本掌握了太平猴魁的传统制作技艺。1982年,高中毕业的方继凡走进军营,历练人生。1992年,创办黄山区新明猴村茶场,带领猴坑村民重拾祖辈的基业,开始了太平猴魁茶传承与发展的新征程。2006年,组建黄山市猴坑茶业有限公司(简称"猴坑公司")并出任董事长,极大地推动了太平猴魁茶的重放异彩。现任黄山区新明乡猴坑村党总支书记兼村委会主任,安徽省非物质文化遗产研究会常务理事,安徽省茶叶行业协会副会长。2012年,方继凡被评为第三批安徽省非物质文化遗产绿茶制作技艺(太平猴魁)代表性传承人并先后被评为全国科普带头人、中国十大农村带头人物、2008年度中国茶行业十大年度经济人物、2010年度"新中国六十周年茶事功勋人物";2012年,被评为"第十届全国创业之星";2013年,获评为第四批国家非物质文化遗产绿茶制作技艺(太平猴魁)代表性传承人,并参与了《太平猴魁茶》国家标准的制定;2019年,荣获"全国模范退役军人"称号;曾被评为"安徽省劳动模范"及第九届、第十届安徽省党代会代表。猴坑公司被授予"中华老字号""中国茶业行业百强企业"和"安徽省农业产业化重点龙头企业"等称号。

2.郑中明,安徽省非物质文化遗产绿茶制作技艺(太平猴魁)代表性传承人

郑中明,男,安徽黄山人,1963年生,在安徽省原太平县(现黄山区)出生、长大,家中世代以茶为业,从小耳濡目染,掌握了太平猴魁的生产制作技艺。2000年,组建黄山六百里猴魁茶业股份有限公司(简称"六百里公司")并出任董事长、总经理。是安徽省第十一届政协委员、全国茶叶标准化技术委员会观

察员,曾获"安徽省农村致富带头人""安徽省茶产业十大杰出企业家"等称号。2012年,被评为第三批安徽省非物质文化遗产绿茶制作技艺(太平猴魁)代表性传承人。六百里公司是安徽省农业产业化龙头企业和安徽省林业产业化龙头企业,曾被评为"中国茶业行业百强企业";2005年,通过ISO 9001:2000认证。

3. 王锋林,安徽省非物质文化遗产绿茶制作技艺(太平猴魁)代表性传承人

王锋林,男,安徽黄山人,1978年生,太平猴魁茶创制人王魁成玄孙、第五代传人。世代居住在原太平县(现黄山区)新明乡猴坑村,祖上一直专心种茶制茶,以茶为生。自小到大,协助家人从事茶叶生产,成年后即基本掌握了太平猴魁的传统制作技艺。2004年,在猴魁原产地创办黄山区新明乡猴岗茶场;2007年,创建黄山区新明王老二猴魁茶叶加工基地,开设了多家猴魁世家专卖门店。2008年,被评为第二批安徽省非物质文化遗产绿茶制作技艺(太平猴魁)代表性传承人。2018年,入选黄山区首届"百名优秀人才"之"优秀职业技能人才"名录。

三、六安瓜片茶的代表性传承人述略

1. 曾胜春,安徽省非物质文化遗产绿茶制作技艺(六安瓜片)代表性传承人

曾胜春,男,安徽六安人,1968年生,1990年毕业于合肥农机学校,随后在六安县(今六安市)农机公司从事农机经营工作。自幼受到六安瓜片茶的耳濡目染,从少年时起就喜茶、爱茶,后来求学、参军、经商,对瓜片一直有种特殊的情结。2005年,出任改制后的安徽省六安瓜片茶业股份有限公司(简称"徽六公司")董事长,以弘扬、推广六安瓜片茶为己任,全面提升了六安瓜片的知名度和美誉度,将徽六公司打造成集科研、种植、加工、销售、茶文化传播于一体的茶业企业,其分公司和经销商遍布全国20多个省、自治区、直辖市。徽六公司先后被授予"安徽省农业产业化重点龙头企业""中华老字号""中国茶业行业百强企业"等称号。2008年,曾胜春被评为"见证安徽改革开放三十年经济进程代表人物";2009年,被评为中国茶叶行业"年度经济人物";2012年,被评

为"中国茶叶行业十大贡献人物",并当选中国茶叶流通协会副会长。2017年,被评为第五批安徽省非物质文化遗产绿茶制作技艺(六安瓜片)代表性传承人。

2.储昭伟,国家非物质文化遗产绿茶制作技艺(六安瓜片)代表性传承人

储昭伟,男,安徽六安人,1966年生,自幼跟随长辈四邻从事六安瓜片的茶园管理和采摘、炒制工作。大学毕业后,被分配到六安农技中心从事茶叶技术推广工作,曾任六安瓜片名茶开发公司负责人。在此期间,遍查六安瓜片茶的相关资料,广泛接触六安瓜片的传统制作匠人,不断摸索、发掘六安瓜片的制作技艺,积极开展六安瓜片制作技艺的技术实践;并从制定六安瓜片标准入手,推广六安瓜片的传统制作工艺,不断推动六安瓜片生产的专业化和规模化,使六安瓜片传统工艺得到了较好的保护和应用。2008年,被评为第二批安徽省非物质文化遗产绿茶制作技艺(六安瓜片)代表性传承人;2013年,被评为第四批国家非物质文化遗产绿茶制作技艺(六安瓜片)代表性传承人。

[1] 陈椽.茶业通史[M].北京:中国农业出版社,2008.

[2] 王镇恒,王广智.中国名茶志[M].北京:中国农业出版社,2000.

[3] 陈宗懋,杨亚军.中国茶经[M].上海:上海文化出版社,2011.

[4] 夏涛.制茶学[M].北京:中国农业出版社,2016.

[5] 项金如,郑建新,李继平.太平猴魁[M].上海:上海文化出版社,2010.

[6] 程启坤.陆羽《茶经》简明读本[M].北京:中国农业出版社,2017.

[7] 丁以寿.中华茶道[M].合肥:安徽教育出版社,2009.

[8] 丁以寿,章传政.中华茶文化[M].北京:中华书局,2012.

[9] 郑毅.茶事闲谭[M].北京:当代中国出版社,2005.

[10] 郑毅.走壁穿崖谢裕大[M].合肥:安徽人民出版社,2011.

[11] 郑建新,郑毅.徽州茶[M].合肥:黄山书社,2011.

[12] 李继平,孙曼曼.太平猴魁茶与巴拿马金奖——纪念太平猴魁茶荣获巴拿马金奖90周年
[J].茶业通报,2006,28(2):89-90.

[13] 丁勇.名优绿茶加工设备的技术特性与应用[J].中国茶叶加工,2013(4):46-50.

[14] 宋一明.茶经译注[M].上海:上海古籍出版社,2018.

[15] 吴觉农.茶经述评[M].成都:四川人民出版社,2019.

[16] 陈椽.制茶技术理论[M].上海:上海科学技术出版社,1984.